KB188933

너를
수학1등급으로
만들어주마

김태영 지음

이 책을 읽은 선배들의 추천사

추천사를 쓰고 있는 내가 서울대학교에 오기 위해 수많은 시행착오와 수정을 거쳐 끊임없이 고민해 완성한 수학 학습법을 거의 그대로 담고 있음에 놀랐다. 만약 이 세상에 타임머신이 있다면, 수학 공부가 너무 막연했던 탓에 수학 책을 찢으며 눈물을 흘리기도 했던 과거의 나에게 이 책 한 권을 선물해주고 싶다.

수일만은 수능수학 4등급을 받았던 한 고등학생이 수능수학 97점을 받기까지의 과정에서 얻은 중요한 깨달음을 매우 자세하게 담음으로써 수학공부에 대해 애매함을 품고 있던 전국의 수많은 학생들에게, 이 책은 수능수학 1등급으로 가는 아주 잘 닦여진 고속도로가 되리라 확신한다.

신원준 (서울대 소비자아동학부)

수학, 과거의 필자를 포함한 많은 학생들에게 좌절을 안겨주었고, 또 안겨주는 과목이다. 끝끝내 넘을 수 없는 벽과 같이 다가오고, 그렇기에 흔히 '재능'의 영역으로 치부되는. 하지만 '수일만'과 함께라면 그 벽은 마침내 넘을 수 있는, 아니 부숴버릴 수 있는 '별 거 아닌' 과목이 되리라 확신할 수 있다.

필자는 과거 4등급이라는 성적표를 받아든 뒤 성적을 올리기 위해 할 수 있는 모든 수단을 동원했었다. 수십 권의 문제집을 풀고 수백 강의 인강을 들은 끝에 마침내 얻은 깨달음. 그리고 그 깨달음과 완벽하게 똑같은 내용이 '수일만'에 적혀 있었다는 사실은 필자에게 확신을 안겨 주었다. 수학 공부에는 일련의 '길'이 있고, 고득점을 이루어낸 사람들은 모두 그 '길'을 걸어왔으며, '수일만'은 헤매임 없이 그 '길'을 걸어나갈 수 있게끔 해 주는 완벽한 이정표가 되어 줄 것이다.

한정윤 (서울대 정치외교학부)

이 책을 처음 읽어봤지만, **수능수학 1등급을 맞은 내가 공부한 방법과 매우 유사하다**. 이것은 나뿐만이 아닌 수능수학에서 1등급을 맞은 다른 학생들도 동감할 것이다. 수능수학을 공부하다보면 혼자서 뚫고 나가는게 버거울 때가 많은데, 이 책이 수학 1등급을 맞는데 충분한 길잡이가 되어줄 것이다.

이다은 (이화여자대학교 약학과/가톨릭 의대)

일 년에 한번 뿐인 수능을 준비하는 모든 학생들이 가장 답하기 어려워하는 질문은 바로 '과연 어떤 방법이 가장 효율적인 수능 준비 방법인가?'라는 질문일 것이다. 이 책은 그러한 질문에 대해 마치 과외 선생님이 학생에게 조언을 해주듯이 꼼꼼하게 공부 로드맵을 제시해 준다. 또한 교재에 제시된 방법들을 이용하여 어떻게 수학 문제에 접근하고, 문제풀이 시간을 줄일 수 있을지 여러 예시들을 통해 친절하게 설명해 주기도 한다. 그러기에 **이 책은 단순히 공부 방향성을 찾는 학생들뿐만 아니라 공부 방식에 확신을 얻고 싶은 상위권 학생들에게도 권하고 싶다.** 이 책의 챕터들을 따라가다 보면 어느 순간 수학 1등급, 혹은 그 이상의 점수를 받을 수 있는 실력을 갖춘 자신을 발견할 수 있을 것이다.

양예진 (이화여자대학교 의예과)

공부법 관련 서적을 읽으면서 가장 아쉬웠던 부분은 일반화되지 못한 비체계적인 방식이 많다는 것이었다. **하지만 수일만에서 제시하는 공부법은 방법이 명확하고, 그 과정도 체계적으로 정리되어 있어 의지만 있다면 누구나 방식을 따라할 수 있다는 것이 큰 장점이 아닐 수 없다.** 또한 문제집, 인강강사 등 정말 세세한 부분까지 필자의 경험이 담긴 의견을 바탕으로 선택지를 제공함으로써 독자들이 공부법을 따라하기 더욱 쉬운 환경을 만들어주고 있다. 공부를 이끌어줄 멘토가 없는 학생들에게 이 책을 적극 추천하고 싶다.

정수영(연세대학교 지구시스템과학과)

프롤로그

나의 이야기

'과학고, 카이스트, 의대….'

이러한 이력이 있는 나는 머리가 좋은 사람일까? 아마도 모두가 머리가 아주 나쁜 사람은 아닐거라고 생각할 것이다. 그러나 아쉽게도 내가 '머리가 아주 좋은 사람'에 들지 않는다는 것은 객관적인 검사를 통해 확인했었다. 과학고는 입학하자마자 바로 IQ 테스트를 보는데, 그렇게 열심히 풀었건만 설렁설렁 푸는 내 친구들보다 훨씬 낮게 나왔으니 말이다.

과학고 친구들은 그야말로 정말 '천재' 같은 친구들이 많았다. 대부분이 기본적으로 머리가 좋았고, 단순히 공부만 잘할 뿐만 아니라 악기나 코딩 같은 취미나 특기가 있는 것은 물론이었다. 공부 말고 취미생활까지 하고도 앞서가는 친구들. 그 친구들에게는 뭔지 모를 '여유'와 '확신'이 있었다. 그들 사이에서 나는 그야말로 평범한 사람일 뿐이었고, 결국 중간에도 들지 못하고 멀찌감치 뒤처지기 일쑤였다. 내가 과학고에 들어간 건, 부지런한 사교육을 통해 만들어진 것이었으며 평생의 운을 다 썼다고 해도 좋을 만큼 운 좋게 입학했다는 것을 알게 되었다.

주변 친구들에 비해 공부도, 운동도, 취미도 못하는 나는 깊은 열등감을 느낄 수밖에 없었다. 그렇게 나는 고2 때까지 친구들과 나를 비교하며 긴 슬럼프에 빠지기도 했다. 그러나 다행히 나는 지는 것을 무척 싫어하는 성격이다. 어느 날 문득 이런 생각이 들었다. 이렇게 타고난 천재들을 이길 수 없다고 해서 포기하기 싫었다. 그렇게 나는 **극상위권 친구들을 관찰하고, 집요하게 그들의 공부 방법을 따라 하고 연구하기 시작했다.** 내가 이 책을 쓸 수 있는 이유는 내가 결국 그들을 따라잡았고, 더 나아가 수능에 도전하면서 수능 수학의 답도 알아냈기 때문이다.

여러 시행착오를 겪으며 나는 제대로 공부하는 방법을 서서히 깨달아 갔다.

그 결과, 과학고 중하위권에 겨우 속했던 내가
⋮
'전교 7등 졸업'이라는 성과를 거두었고,

첫 수능에서 무려 '수학 4등급'을 받았던 내가
⋮
'백분위 99'를 받고 의대에 합격했다.

내가 공부 방법을 몰라 고전하던 시기, 때로 '제발 그런 무식한 방법으로 그만 공부하라'며 핀잔을 주던 친구들과 선생님이 생각난다. 그만큼 나는 한때 공부는 일단 노력하면 되는 줄 알았다. '노력은 배신하지 않는다' 라는 말도 있지 않는가? 그러나 노력만으로 넘어지지 않는 아주 높은 벽이 있었다. 수능에는 특히 그랬다. 오죽 무식하게 공부했으면 과학고 졸업생인 내가 '수능 4등급'을 받았을까? 수능은 수능만의 아주 특정한 길이 있었던 것이다.

무려 4등급이라는 숫자에 충격을 받고, '노력은 배신한다.'라는 사실을 다시금 알게 되었다. 그렇게 마지막으로 삼수를 결심하며 나는 다짐했다. **다시는 틀린 방법으로 공부하지 않으리라고 말이다.** 대체 어디서부터 잘못된 걸까. 나는 수능에 맞는 공부법을 다시 교정하고 집대성해야 했다. 다시는 절대로 실패하고 싶지 않았기에, 나는 최대한 과학적인 근거가 있는 학습 방법들까지 조사하며 공부에 적용했다.

그렇게 나의 모든 것을 쏟아낸 1년을 보낸 후 마지막 수능 전날, 나의 마음은 너무나 편안했다. 이번에는 내 방법이 옳았다는 것을 알고 있었기 때문이다. 내일 반드시 수능시험지에 내가 아는 문제만이 나올 것이라는 확신이 있었다.

수학이라는 과목은 공부량 자체가 대단히 방대한 과목이다. 그렇기에 아주 유별나고 대단한 왕도는 결코 없다. 아마 내가 알려주는 공부법도 어쩌면 아주 평범해 보일 수도 있다. '개념학습 → 문제 풀이 → 실전연습'이라는 큰 틀은 모두 같으니 말이다. 그러나 나는 안다. 이 방대한 수학이라는 공부를,

모두가 똑같은 문제집으로, 똑같은 인강으로 공부하는 듯해 보여도, **실은 사소한 의사결정의 차이, 사소한 습관의 차이에서 큰 간격이 벌어져 버린다는 것을 말이다.** 언뜻 비슷해 보여도, 공부 과정에서의 잘못된 작은 판단 하나가 아주 긴 시간을 날려버리게 만든다. 그 판단이 모여, 같은 문제집을 풀어도 실력이 아예 달라지는 것이다. 또한 약간의 잘못된 습관들이 모여, 아는 문제도 실전에서는 도무지 풀리지 않게 된다. 실전에서는 10가지 좋은 판단을 해도 1가지 틀린 판단을 하는 순간 그 문제는 틀린 거나 다름없다. 집에서는 충분히 풀 수 있는 문제들을 말이다. 그렇게 22번, 30번까지는 가보지도 못하고 소중한 1년의 기회가 날아가 버린다. 수학 1등급은 길고 지루하고 평범해 보이는 과정들을, 어떻게 시행착오 없이 한번에 치러내는지에 달려있는 것이다. 이 책이 너의 시행착오를 대폭으로 줄여주게 될 것이다.

다른 과목도 아니고 '수학' 1등급은 '언감생심', '나와는 먼 이야기'라고 생각해 왔는가? 나는 이 책을 읽은 네가 이렇게 말하길 바라며 이 책을 썼다.

"이제는 나도 어쩔 수 없이, 수학 1등급이 나올 수밖에 없겠다!"

수학 1등급의 길, 그럼 이제 그 여정을 시작해 보자.

이 책은 마치 가구의 조립설명서와 같다. DIY 가구의 설명서를 보고 조립을 따라서 해본 적이 있는가? 나는 막무가내로 대충 쓴 불친절한 설명서 때문에 골머리를 앓은 적이 많다.

나는 가장 친절한 설명서를 만들고자 한다. 어떤 나사를 어디에 돌려 넣으면 되는지, 어떤 부분을 어디에 끼우면 되는지, 어떤 순서로 연결하면 되는지, 비슷하게 생긴 부품은 어떻게 주의해서 구별해야 하는지…. 설명서만 보아도 조립할 자신이 생기는, 알기 쉽게 서술된 설명서를 보여줄 것이다.

나는 이 책에 수학적인 수식을 사용한 이야기는 가능하면 적지 않을 것이다. 수학에는 수많은 단원과 개념이 존재하고 모든 필요한 문제의 수학적인 설명을 다 하려면 적어도 천 페이지는 넘어가야 하니까 말이다.

문제마다의 풀이법을 알기 위해서는 차라리 인강을 듣는 게 효율적이지 그런 이야기를 굳이 책으로 볼 필요가 없다. 이 책은 풀이 해설을 적는 수학 문제집이 아니라, '수학 공부법'을 명확하게 알려주는 책이다.

엄청난 공부량이 요구되는 수학이라는 과목에서, 결코 헛된 노력으로 시간을 낭비하지 않게 해주는 것이 이 책을 쓰는 나의 목표다. 어떤 방법으로, 어떤 책으로, 얼마나 공부해야 하는지 방황하지 않도록 명확한 기준을 정해줄 것이다.

수학이라는 거대한 가구는 복잡하고도 거대해서 이 한 권의 설명서를 필요로 한다.
방법은 모두 쥐여줄 테니, 직접 조립을 할지 말지는 너의 몫이다.
자, 준비되었다면 시작해 보자.

CHAPTER
01

노베이스의 시작 :
1등급을 위한 첫걸음

제1장

노베이스라면?
(1장에 들어가며)

이 책은 '수능수학 1등급을 어떻게 만드는가'에 대한 방법을 밝히는 책이다.

수학에는 여러 종류의 다양한 시험이 있는데 내신, 경시, 수능, KMO 등이다. **그중에 우리는 '수능수학 1등급' 이 하나에만 모든 걸 집중할 것이다.** 그 과정에 필요한 기본기는 어떻게 다지는지, 모의고사는 어떻게 푸는지, 어떤 인강을 들어야 하는지, 어떤 문제집을 얼마만큼 풀고 어떻게 복습해야 하는지 등 두루뭉술하게 간지러웠던 곳들을 모두 다 긁어주고자 한다. 물론 다들 알다시피 수학은 다른 과목보다 그 양이 너무나도 방대하다. 그만큼 독자의 현재 실력도 천차만별일 것이다. 그러나 상상하지 못할 정도로 자세하게 이 과정들을 상세하게 다뤄줄 것이니, 걱정하지 마라.

나는 네가 노베이스에서 시작하는 사람이라고 가정하고 이야기를 시작하려고 한다. (네가 노베이스가 아니더라도 지금 실력으로 올라오기 전에는 노베이스였을 것이다.) 여기서 노베이스란 '중학교 수학 개념도 헷갈리는, 수능을 처음 준비하는 사람'이라고 정의하겠다.

노베이스들에게 단도직입적으로 말하자면 이들에게는 기본적으로 2가지 과정이 필요하다. **첫 번째는 중학교 수학을 개념 중심으로 훑어야 하고, 두 번째는 고1 수학의 개념과 문제 풀이 기본기를 쌓아야 한다.** 미리 말하지만 수학 1등급은 다른 과목의 1등급을 받는 것과 차원이 다른 공부량이 필요하며 그만큼 엄청난 끈기가 요구된다. 더구나 중학교 과정부터 다시 시작해야 하는 노베이스에게는 당연히 더욱 길고 험난한 과정이 될 것이다.

하지만 역으로 말한다면, 남들이 1등급을 받기 어렵다는 말이 된다. 내가 1등급을 맞을 실력으로 만들어 놓는다면, 남들이 내 실력을 따라오기 힘들다는 거다. 다른 과목도 그렇지만 수학은 1등급을 맞는 학생들이 항상 1등급을 맞는다. 다른 과목보다 확실히 견고하다.

정말로 수학 1등급이 필요한가? 그래서 내가 시키는 대로 따라 할 자신이 있는가? 시작하기 전 스스로에게 되묻고 의지를 다지길 바란다. 정말 1등급을 원한다면, 한번 시작해 보자. 지금부터 나는 노베이스가 최상위 1등급으로 갈 수 있는 모든 과정을 알려주려고 한다. 그러니 지금부터 차근차근 제대로 된 수학 공부를 시작해 보자. 어느새 1등급은 네 것이 되어 있을 것이다.

무조건 중학교 수학부터 시작하라

1. 내가 정말 중학교 내용을 아는지 점검하기

일단 솔직해지자. 중학교 때 수학 공부를 열심히 했는가? 만약 중학교 때 공부를 하지 않았거나, 공부를 했어도 현재 중학교의 개념이 흔들린다면 중학교 수학부터 시작해야 한다. 수학은 '수의 언어'로 쓰인 논리 위주의 학문이기 때문에 개념의 흐름을 모두 아는 것이 중요하다. 중학교 때 공부를 제대로 하지 않아서 아직 기초 개념들에 구멍이 있다면, 고등학교 수학을 매끄럽게 진행할 수가 없다. 그건 모래사장에 성을 쌓는 것과 다름없는 일이다.

그런데 '내가 지금 중학교 개념을 알고 있나?' 하고 헷갈리는 학생도 있을 것이다. 밑에 여러 예시를 적어놨으니 이 중에 모르는 게 하나라도 있다면 반성하고 중학생 내용부터 다시 해야 한다. 한번 확인해 보자.

※ 아래 개념들의 '정의'와 '성질'을 알고 있는지 확인해 보라.

- **원의 정의**: 한 점(중심)으로부터 일정한 거리(반지름)만큼 떨어진 점들의 모임

- **이등변삼각형의 정의**: 두 변의 길이가 같은 삼각형
  성질 ①: 두 밑각의 크기가 같다.
  성질 ②: 꼭지각의 이등분선은 밑변을 수직이등분한다.

- **원주각의 정의**: 주어진 호를 제외한 원주 위의 한 점과 호의 양 끝점을 연결하여 얻은 각
  성질 ①: 원주 위의 한 점이기 때문에 호가 고정되어 있다면 점을 어떻게 옮기든지 원주각의 크기는 변하지 않는다.

- **평행사변형의 정의**: 마주 보는 두 쌍의 대변이 평행한 사각형
  성질 ①: 두 대변의 길이가 동일하다.
  성질 ②: 두 대각의 크기가 동일하다.
  성질 ③: 대각선이 서로를 이등분한다.

- **접현각**: 접선과 현이 이루는 각
  접현각의 성질: 접현각을 이루는 현에 대한 원주각과 접현각은 크기가 같다.

- **문자와 식**
  방정식: 미지수의 값에 따라 참, 거짓이 결정되는 식
  항등식: 변수의 값에 상관없이 등호가 성립하는 식
  동류항: 문자와 차수가 모두 같은 항

- **제곱근**: 어떤 수를 제곱해서 a가 나왔을 때 이를 a의 제곱근이라고 한다. 하지만 이는 제곱근 a와 다르다.

- **삼각비**: 직각삼각형에서 두 변의 길이 비를 각과 연관시켜 표현하는 방법

위의 내용은 중학교 내용 중에서 수능에서도 중요하게 쓰이는 주요한 개념들이다. 예를 들면 우리는 '원'이 어떻게 정의되는지를 알아야 문제에서 원이 나왔을 때 왜 중심과 원주 위에 있는 점을 연결해야 하는지 이해할 수 있다. '이등변삼각형'의 성질이 뭔지 알아야 문제가 안 풀릴 때 보조선을 그어야 한다는 생각과 함께, 보조선을 꼭지각에서 밑변에 수선을 내려서 합동인 삼각형을 두 개 만들 생각을 할 수 있다. '이런 기본적인 것들이 수능에 나오겠어?'라고 생각하겠지만 수능에 수도 없이 나왔다. 중학교 내용은 직접적인 출제 범위는 아니지만, 당연히 알거라 생각하고 중학교 수학 개념을 포함한 문제들을 낸다. 중학교 수학은 그야말로 기본 '재료'인 것이다.

지금 이런 내용들이 낯설다면 본격적인 수능 학습에 앞서 중학교 수학을 한 번 잘 짚고 넘어갈 필요가 있다. 그러나 그렇다고 지금 중학교 3년 치의 모든 내용을 내신 공부하듯이 꼼꼼히 공부할 필요는 없다. 중요한 부분만 빠르게 학습해두면 된다. 중학교 수학 학습 방법은 다음과 같다.

2. 노베이스가 중학교 수학을 정리하는 세 가지 포인트

① 중학교 각 학기마다 개념원리를 한 권씩 준비하라

그냥 문제집을 풀라고 하면 《쎈》 같은 문제집을 떠올릴 것이다. 그러나 우리는 지금 문제 풀이를 하려는 것이 아니다. 수능에 나오는 확실하게 써먹을 수 있는 '정의'와 '개념'들을 머릿속에 넣는 게 중요하다. 《쎈》이나 《RPM》과 같이 응용력이 강조되는 문제집보다는 《개념원리》 같은 기본서를 마련해야 한다. 개념원리를 어떻게 사용하는지는 조금 뒤에 자세히 알려주겠다.

② '개념'과 '정의'를 중심으로 개념원리 1회독을 제대로 하자

중학교 3년 과정 중에 '수능'에 필요한 중요한 내용을 빠르게 보아야 한다. 그저 개념원리에 나와 있는 문제들을 풀 수 있다면 충분하다. 더도 말고 덜도 말고 1회독이면 충분하다. 다시 한번 강조하지만 우리는 중학생 내신을 목표로 유형 문제 풀이 같은 것을 해야 하는 것이 아니다. '개념'을 중심으로 읽고 이해하는 데 집중해야 한다. 이렇게 개념원리를 1회독한다. 당연히 지금 보고 있는 수준의 문제들이 수능에 나오지 않지만, 개념은 매우 빈번하게 나오므로 확실하게 정리해 두어야 한다. 《개념원리》에 실린 문제들은 개념을 익히기 위해서 푸는 것이다. 개념의 '정의'와 '성질'에 집중하여 읽고 예제, 유제 등을 풀도록 하자.

Tip

※ 1학기는 1학기끼리, 2학기는 2학기끼리 공부하는 것이 좋다.

현 중학교 교육과정의 구성은 1학기와 2학기가 서로 연결되지 않는 구조다. 1학기는 함수 파트이고 2학기는 전부 함수와 동떨어진, 기하 파트이기 때문이다. 그러므로 1학기는 1학기 대로, 2학기는 2학기 대로 모아서 따로 공부하는 편이 좋다.

즉 1학년 1학기→ 2학년 1학기 →3학년 1학기를 공부한 후에 1학년 2학기 → 2학년 2학기→ 3학년 2학기 순으로 공부하자. (중요도로 따지면 2학기의 기하보다는 1학기에 나오는 함수에 대한 내용을 이해하는 것이 더 중요하다.)

❸ 중학교 수학에는 일부 수능에 필요 없는 내용이 있다

필요 없는 부분은 건너뛰자. 수능 선택과목에 따라 선별하기 바란다.

🏃 중학교 수학에서 건너뛰어도 되는 것

- ✅ 중학교 1학년 과정에는 컴퍼스와 자를 이용해서 여러 도형을 그리는 법을 설명하는 '작도'라는 내용이 있는데 사실 이 부분은 몰라도 상관없다.
- ✅ 중학교 1학년 교육과정에 나오는 '줄기와 잎', '도수분포표'와 같이 자료의 정리와 해석이 필요한 부분은 몰라도 된다. 이는 '히스토그램', '도수분포다각형'을 포함한다.
- ✅ **미적분, 기하를 선택한 경우:** 중학교 2학년 교육과정에 나오는 '경우의 수'와 '확률'은 몰라도 된다. (확통을 선택했다고 해서 기하를 몰라도 되는 건 아니다! 수1에서 빈번하게 나올 뿐만 아니라 어렵게 나오기 때문에 확통 선택자들은 기하를 건너뛰지 말자. 나중에 피눈물 흘리면서 후회할 수 있다.)
- ✅ **방심, 수심:** 중학교 3학년 때 외심과 내심을 배울 때 가끔 문제집에서 오심(외심, 내심, 방심, 수심, 무게중심)을 모두 알려주는 경우가 있다. 물론 완벽히 이해한다면 수학적 깊이는 깊어지겠지만, 굳이 몰라도 관계없다.

중학교 과정 마스터는
"1개월 반" 안으로 끝내야 한다!

중학교 수학 개념을 마스터하는 기간은 절대 길게 잡지 말아야 한다. 지금 개념이 헷갈려서 중학생 책을 보고 있다는 뜻은 여태까지 남들이 공부할 때 그만큼 공부하지 않았다는 의미이다. 자신이 부족한 것을 인정하고 더 노력해야 한다. 만약 중학교 내용을 공부하는데 기간을 길게 잡아서 질질 끌게 되면, 그 시간 동안 내 경쟁자인 다른 친구들은 이미 나보다 빨리 앞서나갈 것이다. 지금도 뒤처졌는데 계속해서 뒤처지고 싶은가?

지금 보고 있는 개념들은 중학생 때 이미 공부했어야 했던 개념들이기 때문에 그렇게 어렵지 않을 것이다. **1개월에서 1개월 반 정도의 시간을 잡고 끝내버리자. 고1 수학도 마찬가지다.** 아무리 공부를 하지 않았더라도 한두 번씩은 들어본 내용일 테니 이번에 확실하게 끝낸다는 생각으로 한 번에 제대로 보길 바란다.

고1 수학을 정복하라

앞서 안내한 대로 중학교 수학을 한 번 마쳤다면, 이제 고1 수학을 할 차례이다. 고1 때 배우는 '공통수학'은 지금까지 중학생 때 배운 내용을 모두 한번 정리하면서 추가적인 내용이 많이 들어간다. 건너뛰고 어서 수능에 직접적으로 나오는 고2 수학 범위로 넘어가고 싶지만 그렇게 할 수 없다. 단원의 이름만 시험범위에 들어가지 않을 뿐, 거의 모든 문제들에서 이 정도는 기본으로 알고 있음을 전제한다. 기본이 제일 중요하다.

※ 지금은 노베이스인 사람에게 안내하는 것이다. 만약 고1 때 내신을 열심히 한 학생이라면 고1 수학을 따로 짚을 필요는 없다. 혹시 의욕이 앞서 고1 것부터 다시 보겠다며 힘을 빼지 말고, 시간을 아끼길 바란다.

밑에 써놓은 이 문장을 잘 이해한다면 그래도 고1 공통수학을 허투로 듣지는 않았구나라고 생각해도 괜찮다. "중3 때 배운 이차함수의 그래프(일반형, 표준형, 인수분해)와 그래프를 그리는 걸 이용해서 이차방정식의 해와 이차부등식의 해를 구한다. 그런데 이때 이차방정식의 해가 허수일 수 있다."

역시 개념원리를 준비하라

수능을 위해서는 고1 수학의 개념과 기본적인 문제 풀이만 짚으면 된다. 고1 과정을 내신을 챙기듯이 많은 문제를 풀 필요가 없다. 〈개념원리〉면 충분하다.

 어렵겠지만 가능하면 혼자 힘으로 개념원리를 풀어내는 힘을 기르는 것이 필요하다. 지금 노베이스라면 자꾸 누군가에게 의존하려고 하지 말고, 수식을 보고 쉬운 문제부터 스스로 자기 손으로 풀어내는 연습을 해야 한다. 이제 개념원리를 보는 방법을 설명하도록 하겠다.

1단계 개념원리를 활용하여 기본 개념을 이해하라.

개념원리의 구성

개념원리의 구성은 다음과 같다. 개념마다 〈개념원리 이해〉에 기본적인 설명이 나와 있고 그 뒤에 개념을 이용하는 〈필수예제〉들과 해설이 나와 있다. 〈필수예제〉에 해당하는 내용을 제대로 이해했는지 점검하는 문제들이 〈확인체크〉로 같은 페이지에 나와 있다.

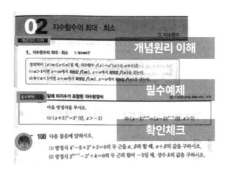

✎ 개념원리로 개념공부를 하는 법

학생들이 공부하는 모습을 살펴보면 〈개념원리 이해〉에 쓰여 있는 개념을 대충 읽거나 필요 없다고 생각해서 거의 읽어보지 않고 바로 문제를 풀러 가는 경우가 대다수다. 그러나 개념서는 그렇게 읽는 게 아니다. '평균값 정리'의 정의는 무엇인지, '미분가능의 정의'는 무엇인지 그리고 어떻게 'sin 법칙'과 'cos 법칙' 같은 공식들이 유도되었는지 〈개념원리 이해〉 부분에서 꼼꼼하게 읽고 숙지해야 한다. 각 개념이 유도된 수학적인 설명을 차분히 읽어보는 과정이 반드시 필요하다.

※혼자서 하는 개념 이해 예시※

예를 들어 이런 부분의 개념을 이해한다고 해보자.

03 지수함수의 활용(1)- 방정식

개념원리 이해

1. 지수에 미지수가 있는 방정식과 지수함수의 관계

지수에 미지수가 있는 방정식은 다음 성질을 이용하여 푼다.

$a>0$, $a \neq 1$ 일 때, $a^{x_1}=a^{x_2} \leftrightarrow x_1=x_2$

▶ 지수에 미지수가 있는 방정식을 지수방정식이라 한다.

설명 지수함수 $y=a^x$은 실수 전체의 집합에서 실수 전체의 집합으로의 일대일함수이므로 위의 성질이 성립한다.

수학을 못하는 학생들은 개념기본서를 볼 때 무조건 강조된 '네모 박스'부분으로 가서 요약된 공식을 암기하려고 든다. 절대로! 그렇게 네모 박스 부분

먼저 보는 것이 아니다. 우리는 맨 처음의 제목부터 들어가서 '줄글'을 읽어서 흐름을 쭉 이해해야 한다.

★ 이때 중요한 건 혼자서 수업을 하듯이 '자신의 언어'로 최대한 이끌고 가야 한다는 점이다.

"자, 지수함수의 활용이야. 지수함수가 방정식과 연계되는구나."

"1번, '지수에 미지수가 있는 방정식'이 나오는데 이것과 지수함수의 관계를 살펴보자."

"a가 0보다 크고, 1이 아니다? 그러니까 1이 아닌 양수라는 거구나."

"이때 $a^{x_1} = a^{x_2}$ 이라고 한다면 x_1이랑 x_2랑 같대."

"아, 그러니까 밑(a)이 같을 때 양쪽의 값이 같다면 지수가 같다는 말이구나."

"이렇게 지수에 미지수가 있는 방정식을 지수방정식이라고 하는구나."

이렇게 수업하는 연습을 하라. 늦더라도, 제목부터 줄글을 하나하나 읽어가면서, '나'라는 학생에게 친절하게 수업해 보라. 백지 연습장을 꺼내서 선생님이 칠판에 설명하듯이 설명해 보라. 수학 개념 이해는 결코 딱딱한 공식 암기가 아니다. 문장 하나하나, 나의 언어로 바꾸어서 스스로 납득이 되도록 설명해 보아야 한다.

Q. 혼자서 이렇게 개념을 익히는 것은 너무 어려울 것 같아요.

물론 수학 개념을 혼자서 이해하기가 아직 너무 어려울 수 있다. 또 혼자서 잘하다가 중간에 특히나 이해가 어려운 특정 단원을 만날 수도 있다. 개념을 혼자서 이해하기가 어렵다면 인강을 듣길 권한다. 굳이 거창한 유료 인강을 들을 필요는 없다. EBS 인강이면 충분하다. 이때도 인강의 단원을 쭉 따라가는 것이 아니라, 내가 혼자서 이해가 어려운 단원의 강의를 찾아서 해당 부분의 '개념 설명'만 먼저 들어보자. 훨씬 이해하기 쉬울 것이다.

노베이스를 탈출하기까지 우리의 목표는 분명하다. 다른 어떤 것이 아니라 '개념원리'를 혼자서 충분하게 완독하는 것이다. 그 과정에서 중간중간 인강의 도움이 필요하면 인강을, 과외가 필요하면 과외를, 친구의 도움이 필요하면 친구에게 도움을 요청을 하라. 중간에 어떤 도움을 받든지, 혼자서 모든 개념원리 문제를 풀 수 있는 수준이 되면 된다.

2단계 개념원리에 있는 문제 풀기

✎ 개념원리 필수예제를 푸는 법

개념을 어느 정도 이해했다면 1, 2장 뒤에 유형별로 〈필수예제〉가 나와 있다.

☐ 무조건 풀이를 가리고 혼자 푸는 시도를 하자

문제 밑에 어떻게 문제를 푸는지 상세한 해설이 적혀 있지만, 해설을 보기 전에 무조건 자신의 연습장으로 그 풀이를 가리고 직접 풀어보는 단계가 필요하다. 설명을 듣거나 자신이 익힌 개념을 어떻게 이용할지 스스로 생각해

보아야 하는 것이다. 문제를 다 풀었는데도 틀릴 수 있고 풀다가 모르는 부분이 많아서 막힐 수 있다. 그래도 괜찮으니 답지를 보지 말고 꼭 스스로 문제를 풀어보자.

만약에 문제를 풀다가 막히고 3분 동안 고민을 했는데도 모르겠다면, 해설을 이용해서 자신이 막힌 부분이 어디인지 확인하자. 어떤 아이디어가 없었는지, 항등식인 것을 보지 못했는지, 원주각을 이동시켰어야 했는지, 아니면 치환을 해야 했는지, 그래프를 그렸어야 했는지, 미분이나 적분처럼 계산에서 틀렸는지, 이등변삼각형의 성질을 생각하지 못해서 수선을 내리지 못한 건지 등과 같이 자신이 막힌 부분을 확실하게 파악하고 어떻게 해결하는지 알아야 한다. 한 문제를 풀 때, 자신이 어디에서 막혔는지를 확인하는 과정은 중요하다. 이렇게 해야 비슷한 문제에서 막혔을 때 어떻게 해결할지에 대한 힌트를 얻을 수 있다. 따라서 답지를 보는 것보다 혼자서 고민해보는 단계가 필요하다. 아직 아는 게 많이 없거나 개념이 확실하게 잡히지 않아서 문제 풀이를 시작하는 방법을 모를 때도 똑같다.

② 고민을 해도 혼자서 못 풀겠다면

3분 동안 고민해 봤는데 처음부터 어떻게 시작할지 모르겠다면 연습장이나 백지를 조금만 밑으로 내려서 해설에서는 어떻게 문제를 푸는지, 시작하는 방법의 '힌트'만 얻는다. 힌트를 봤다면 그 힌트를 어떻게 이용해서 문제를 해결할 수 있는지 스스로 문제를 풀어본다. 해설을 모두 다 한 번에 보는 게 아니라 자신이 막힌 부분이 있다면 그 부분만 확인해서 보고 그 이후 단계는 자신이 직접 문제를 풀어보자. 나와 있는 〈필수예제〉를 풀고 바로 밑에

〈확인체크〉도 똑같은 방법으로 풀면서 개념을 쌓아가는 과정을 진행한다. 〈확인체크〉는 〈필수예제〉를 완벽하게 이해했다면 풀 수 있는 문제들이 대부분이기 때문에 자신이 어디서 막혔는지 확실하게 체크하고 무조건 풀 수 있도록 한다.

> ※〈필수예제〉를 막히지 않고 혼자서 풀어 맞췄더라도 꼭 답지와 자신의 풀이를 비교하는 습관을 들여야 한다.

❸ 문제를 풀었다면 다시 개념을 읽어볼 것

한 단원의 〈개념원리 이해〉, 〈필수예제〉, 〈확인체크〉를 모두 했다면 그 단원을 넘어가기 전에 다시 한번 〈개념원리 이해〉를 읽어보자. 그러면 처음에 아무것도 모를 때 읽었던 것과 이제 조금 다른 시각으로 개념이 이해되는 것을 경험할 수 있을 것이다. 문제를 풀고 나서야 개념의 진가를 알 수가 있는 법이다. 다시 개념을 읽어보았다면 이제 예제 뒤에 나오는 〈연습문제〉를 풀어도 좋다.

Tip

혼자 공부하다가 막혀서 답지를 봐야 했던 부분은 다음 복습 때 찾기 쉽도록 하이라이터를 이용해서 체크한다. 나는 보통 초록색 형광펜을 사용했는데, 눈의 피로도가 덜하면서 바로바로 눈에 띄기 때문이다. 이렇게 미리 형광펜으로 표시한 덕분에 개념원리를 마무리하고 복습할 때, 혼자 풀면서 막혔던 부분을 찾느라 고생하지 않고 초록색 하이라이터만 찾아다니면서 쉽게 복습했다.

수능 범위 개념원리를 풀자

중학교 수학과 고1 수학이 간접적으로 수능에 필요한 범위였다면, 이제 직접적인 수능 출제 범위 개념을 공부하기 시작해야 한다. 수능 범위라면, 현재 교육과정에서는 〈수학1〉, 〈수학2〉의 공통과정과 〈미적분〉, 〈확률과 통계〉, 〈기하〉의 선택과목(3과목 중 택1)을 말한다.

> ◀)) 2028학년도 수능부터 적용되는 개정 교육 과정에서는
> 선택과목이 없어지고 <대수>, <미적분1>, <확률과 통계>가
> 공통의 수능 범위이다.

※ 22 개정 교육과정 변화 요약

개정 전		2028학년도 수능부터
공통	수학1, 수학2	대수, 미적분1, 확률과 통계 ※선택과목 없음
선택	미적분, 확률과 통계, 기하	

자신의 수능 범위에 맞는 개념원리를 준비하자

1회독 꼼꼼히 정독하여 모든 문제 다 풀기

2회독 1회독 때 틀리거나 별표 표시한 문제 위주로 풀기

지금 나는 노베이스 3 step에 걸쳐 주야장천 '개념원리'를 풀어야 한다고 이야기하고 있다. 노베이스 3 step까지 온 지금, 자신이 어느 단계에 왔는지, 왜 이렇게 공부해야 하는지 이야기해 보자.

노베이스 탈출을 위해 기본서(개념원리)를 풀어야 하는 이유

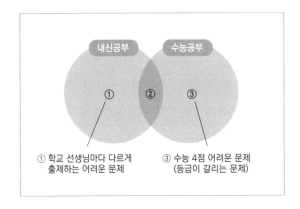

이 그래프는 내신 수학과 수능수학을 도식적으로 나타낸 것이다. 자세히 보면 ①처럼 내신에는 나오지만 수능에는 나오지 않는 부분들이 있고, 반대로 ③처럼 수능에는 나오지만 내신에는 나오지 않는 부분들도 있다. 물론 둘 다 무조건 나오는 부분이 있다. 바로 ②와 같은 부분이다.

①, ③은 각각 내신과 수능에서 1등급과 2등급, 2등급과 3등급을 가르기 위해서 출제하는 문제들이라고 할 수 있다. 그러나 ②에 해당하는 문제들은 5등급 학생들도 맞힐 수 있을 정도로 기본적인 내용을 물어보는 문제들, 즉 절대 틀려서는 안 되는 문제들이다.

5등급도 맞힐 수 있도록 만든 문제라면, ②의 부분이 너무 쉽고 중요하지 않다는 뜻일까? 전혀 그렇지 않다. ②는 바로 교과서적인 '기본 개념'과 관련되는 문제들이고, 이 기본 개념은 내신과 수능 두 가지 시험 모두 가장 바탕이 되는 부분이다. 수학은 결국 ②에 해당하는 내용에 익숙해져서 그것을 얼마나 자유자재로 사용할 수 있는지 물어보는 것이다. 수능 1등급을 위해서도, 내신에서 좋은 성적을 얻기 위해서도 ②의 부분을 채우는 것이 가장 먼저 필요하다.

②를 탄탄히 만드는 것? 그것이 바로 '개념원리'를 푸는 단계의 공부이다. 본인에게 해당하는 수능범위에 맞게 개념원리를 구비하고, 차근차근 풀기 시작해 보라.

이렇게 기본 개념을 알고 있어야 나중에 본격적으로 수능 커리큘럼으로 들어가서 '수능 1단계 인강'을 들을 수 있다. 즉 기본 개념이 없는 상태로는 수능의 1단계 인강도 소화하기가 어렵다는 뜻이다. 이번 단계를 하지 않으면 반드시 대가를 치르게 될 것이다. 반드시 집중하여 풀어내길 바란다. 미루지 말고 지금, 개념원리를 꺼내라.

주의!

〈1장-노베이스 탈출법〉에서 나는 '공부를 해본 적이 없고, 처음으로 수능을 준비하는 사람'을 대상으로 설명하고 있다. 만약 일반 재학생 중 지금까지 내신을 충실히 공부해 왔거나, 계속 내신 공부를 열심히 할 학생들은 굳이 노베이스 탈출법에 많은 시간을 투자해서 그대로 따라 할 필요는 없다.

내신을 적절히 준비하는 일반적인 고등학생들에게는, 아래의 큰 과제만 제시하겠다.

 내신 기간마다 충실히 공부하는 재학생 기준, 개념 공부 목표 데드라인

'수능 전범위'의 기본적인 '개념공부(개념원리)'를 고2 여름방학 때까지 1회독을 끝내자. 기본 개념은 내신을 준비하다 보면 해결될 일이기는 하지만 내신에만 맡기기에는 진행 속도가 느릴 수 있다. 만약 본인의 학교 진도가 느리다면 자체적으로 선행을 해서라도 고2 여름방학 때까지는 모든 범위의 개념원리를 모두 풀 수 있을 정도로는 끝내 놓아야 한다. 개념을 마치는 것은 이를수록 유리하다. 아무리 늦어도 고2 겨울방학 전까지는 수능 범위 개념원리를 모두 풀고 마스터해야 한다.

★ 즉 전범위 개념원리 1회독은 빨리 끝낼수록 좋 다는 뜻.
적어도 고3에 올라가서까지 개념 진도를 잡아끌면서
기본 개념을 공부하는 일이 없도록 하는 것이
우리 모두의 목표다!

✎ 노베이스 탈출 일정

즉, 대략 총 8~ 10개월의 개념 공부를 통해
중학교 개념도 모르던 심각한 노베이스에서
이제 수능수학 기출문제를 학습할 수준으로 업그레이드 된다!

✎ 수학 1등급을 만드는 기간은?

어려운 수능을 가정했을 때, '이과 1등급'을 맞는데 필요한 시간은 대략 아래와 같이 예상해 볼 수 있다.

① 중학교 개념을 모르는 노베이스 기준, 1년 8개월이 필요하다. 더 줄일 수는 있겠지만 현실적으로 1년은 불가능하다고 본다.

② 기본적으로 고1-고2 내신을 충실히 공부한 학생 기준, 고2 과정까지 학교 과정을 잘 끝냈다면 대략 1년이 걸린다.

③ 모든 수능개념을 마친 검정고시생이나 재수생 기준 8~10개월 정도가 걸린다.

※문과 1등급은 이보다 더 쉽고 적게 걸린다.

물론 위 내용은 대략적으로 그렇다는 것이다. 사람마다 수학을 받아들이는 속도는 천차만별로 다르고 공부할 수 있는 여건도 다르기 때문에, 개인마다 필요한 시간의 차이가 있을 것이다.

수학이 많이 부족한 학생이라면 수험생활 초반에는 다른 과목보다 수학에 올인하여, 일단 수학을 일정 수준 이상으로 올려놓는데 집중하기를 추천한다. 특히 수학이 부족하다고 느낀다면, '방학'을 잘 활용하자.

늦었다면 밀도를 높일 것

나는 고2 여름 방학 때까지 수능 전 범위의 개념(개념원리 1회독)을 끝내는 것을 추천하고, 늦어도 겨울방학 들어가기 전까지는 끝내야 한다고 말했다.

내가 이런 얘기를 한다고 해서 선행을 조장한다고, 사교육과 선행을 권장한다며 노여워하지 않기를 바란다. 우리의 수능수학 교육과정은 이미 기형적인 구조다. 대부분 학교에서는 고등학교 2학년 2학기에도 우리가 수능을 보기 위해 필요한 개념 진도가 다 끝나지 않는다. 그렇게 고3에 올라가서야 미적분, 기하, 확통을 배우게 되는데 이건 오히려 정말 똑똑한 학생들을 제외하고서는 재수, 삼수를 필수적으로 하라는 소리와 다름이 없다. 현실적으로 1학기 만에 선택과목을 모두 배우고, 그전에 배웠던 내용들을 모두 복습해서 수능을 보는게 가능할까? 고3 때 1등급을 받는 게 목표라면 평범한 학생의 재능으로는 선행 없이는 힘든 게 진실이다. 이는 평범한 학생이 선행 없이 재능만으로 고3 때 1등급을 목표로 하는 것과 같은데, 솔직히 불가능한 얘기다. 나는 선행 자체가 나쁘다고 생각하지 않는다. 단 선행을 그저 대충하면 전혀 안 하느니만 못하니, 선행을 할 거면 제대로 해야 한다는 말을 덧붙인다. 아무튼 중요한 건 선행을 어떤 속도로 계획하든 각자 상황에 맞게 수능 범위의 기본 개념을 최대한 빨리 끝내자는 이야기다.

혹 이미 자신은 고2인데 개념 진도를 끝내지 못했다고 불안해하는 학생들이 있을 것이다. 만약 그렇다면 자신의 1년을 남들의 2년보다 더욱 밀도 있게 보내면 된다. 때로 공부를 정말 못하던 학생들이 공부해야겠다고 마음먹은 후에 압도적으로 공부를 잘해서 자신이 원하는 대학교에 입학했다는 기사를 본 적이 있을 것이다. 옛날에는 나도 이런 기사들을 보면서 '공부에 재능이 있었는데 늦게 발견되었을 뿐이구나.'라고 생각하는 데 그쳤다. 그런데 내가 직접 해보니 간절한 사람들은 정말 시간의 밀도가 다르다는 생각이 든다. 혹시 나보고 단지 머리가 좋아서 입시에 성공했다고 하는 사람이 있다면, 내가 삼수 때 공부하던 모습을 보여주고 싶다. 내가 어떻게 공부했는지 본다면 아무도 그런 말을 하지 못할 것이다. 전국에 있는 모든 학생 중에서 내가 1년을 제일 꾸준히, 독하게 보냈다고 확신한다. 내 1년은 남들과 밀도가 달랐다. 시간이 부족하면 그 밀도를 높이면 된다. 공부 시간이 부족하다면 자투리 시간을 이용해서라도 시간을 확보하길 바란다. 수학은 그렇게 호락호락하지 않다.

수능수학의
본질에 대한 이해와
수능개념 마스터

수능수학,
그 본질에 관한 이해 I

🖋 수능수학 1등급이 되는 길은 분명하며 일관적이다

이 책을 읽는 독자의 상황은 개개인별로 다양할 것이다. 어떤 학생은 한 번 쓴맛을 보고 돌아온 재수생일 수도 있고, 누군가는 노베이스 상태로 처음 공부를 시작했을 수도 있다. 누구는 내신 대비를 하는 고등학교 재학생, 누구는 재수학원에 다니는 재수생, 누구는 오롯이 혼자서 공부하는 독학생, 또 누구는 어려서부터 그냥 쭉 동네 수학학원에 다니고 있는 학생일 수도 있다. 그러니 각자 상황에 따라서 하루에 공부할 수 있는 시간도 저마다 다르다.

하지만 이것 하나는 확실하다. 수능수학 1등급이 되는 방법은 분명하고 일관적인 방식이라는 것 말이다. 공부를 압도적으로 잘하는 사람들이 입 모아서 얘기하듯이 공부를 잘하는 방법은 정해져 있다. 나는 그 방법을 이 한 권에 걸쳐 상세히 담을 것이다. 그 과정을 빠르게 요약하자면 다음과 같다. 또한 수학을 잘하는 모든 학생이 자신도 모르게 이 단계들을 거쳐 좋은 성적을 얻는다고 확신한다.

수능수학 1등급을 만드는 5단계

1단계 최소한 수능 1년 전까지, 수능 전체 기본 개념 진도를 끝낸다.

2단계 고3용 개념 인강을 통해서 '기출 개념'을 쌓는다.

3단계 개념을 배우고 직접 기출문제에 적용하면서 문제를 푼다.

4단계 기출 풀이를 반복하면서 기출 외에 추가적인 응용문제를 푼다.

5단계 모의고사를 통해 실전연습을 한다.

네가 어떤 상황이든 간에, 위에서 말한 5단계로 수학 1등급이 되기 위한 절차와 공부해야 할 절대적인 양은 절대 변하지 않는다. 그러므로 나는 학년별, 상황별로 안내하지 않을 것이다. 그러니 본인의 상황에 맞게 적당히 공부하려고 하지 말고, 수학 1등급이라는 목표에 자신의 상황을 맞추길 바란다. 내가 원하는 건 남들도 원할 가능성이 높다. 내가 원하는 것을 가지기 위해서는 남들보다 훨씬 많이 노력해야 한다.

🖋 2등급은 없는 등급이다

"나는 1등급까지는 필요 없고 2등급만 받았으면 좋겠다."

혹시 이렇게 생각하고 있는 독자가 있는가? 어쩌면 바로 네가 지금 수능 2등급을 목표로 하고 있을 수도 있다. 그게 시간과 노력을 투자해서 얻을 수 있는 현실적인 성적이라고 생각하기 때문이다. 1등급은 사실상 불가능한 것 같고, 3등급은 내가 원하는 최저 등급 컷에는 못 미칠 듯하니 그냥 그 중간인 2등급을 목표로 잡는 학생들도 많을 것이다. 그런 학생들에게 나는 말해주고 싶다. 2등급이란 세상에 없는 등급이라고 말이다.

대개 2등급은 '1등급의 실력을 갖춘 학생이 그날 자신이 모르는 문제가 많거나 실수를 해서 나오는 등급'이거나 '3등급의 실력을 갖춘 학생이 그 시험지에 운 좋게 아는 게 많아서 나오는 성적'이다. 즉 2등급이 되려면 1등급을 목표로 해야 한다. 1등급을 받고 싶다면 만점을 맞을 각오로 공부해야 한다. 실제로 시험장에서는 어떤 변수가 있을지 모른다. 수능은 자기 실력의 최하점을 끌어올리는 것이 중요한 게임임을 미리 깨닫길 바란다. 2등급을 목표로 공부하면 3등급이 나올 것이다. 자기 자신과 하는 공부에서 타협은 없어야 한다. 이번 한번만 타협해도 괜찮겠지, 생각하지만 결국에는 수능 점수에 그 모든 게 나타난다.

수능수학은 이렇게 출제된다!

수학은 수의 언어를 해석하는 학문이다. 따라서 기호와 내용이 동일하더라도 해석 방식에 따라 접근 방법이 무궁무진해진다. 그렇기에 같은 개념이라도 출제 방향성이 매우 다양하다는 특징이 있다. 아래 예시를 살펴보자.

EX 1 **'등차수열의 일반항'에 대한 개념을 배웠다고 하자.**

$$등차수열의\ 일반항:\ a_n = a + (n-1)d$$

➡ **학교 교과서(or 개념원리)에서는 이렇게 배운다.**

교과서적 정의

① 등차수열은 두 인접한 항들의 차가 일정한 수의 나열이다.

  (ex.1, 3, 5, 7, 9)

② 첫째항(a)과 공차(d)를 알면 일반항은 $a_n = a + (n-1)d$라고 표현할 수 있다.

➡ **수능에서는 이렇게도 접근한다!**

수능적 접근

  a_n 은 n에 대한 일차식으로 일차함수와 같이 그래프를 그릴 수 있다.

  즉 등차수열은 직선이다. 그러므로 직선을 그려 해석해 보자.

물론 수능에도 교과서적인 개념을 이용한 기본적인 문제도 출제된다.

그러나 이렇게 다른 시각으로도 접근해야 하는 문제들도 나오는 것이다.

EX 2 조금 난도를 높여 '등차수열의 합'에 대한 예시도 보자.

➡ 학교 교과서(or 개념원리)에서는 이렇게 배운다.

교과서적 정의

등차수열의 합 공식: $S_n = \dfrac{n\{2a+(n-1)d\}}{2}$

$S_n = \dfrac{n(a+l)}{2}$ ($a=$초항, $l=$마지막 항) 으로 보면

$S_n = n$ (항의 개수) $\times \dfrac{a+l}{2}$ (평균)

즉 등차수열의 합은 항의 개수×평균

➡ 반면 수능에서는 이런 방향으로도 접근한다.

수능적 접근

등차수열의 일반항을 일차 함수로 해석했다면 등차수열의 합은 n에 대한 이차식이기 때문에 그래프를 그리고 그 위에 점들을 찍어 해석할 수 있다.

ex) $a_n = 2n - 6$ 이라는 등차수열의 그래프를 이렇게 그릴 수 있다.

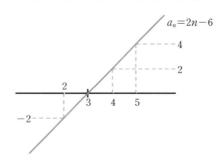

같은 수식을 두고도 해석이 다르지 않은가?

우리는 이러한 기출문제의 시각을 다양하게 익혀야 하는 것이다.

기출에 사활을 걸어라

당연히 위의 내용과 개념 전부를 학생 스스로 수능적 발상으로 깨우치는 건 불가능하다. 가끔 소수의 천재가 공부하다가 새로운 관점을 발견해 낼 수는 있지만, 어느 출제자도 평범한 수험생이 수능장에서 그럴 수 있다고 생각하지 않는다. <u>그래서 출제자는 모든 수험생이 이해할 수 있는 수준의 〈수능〉 문제를 출제하고자 노력하며 이에 관해 미리 힌트를 준다. 그 힌트는 뭘까? 바로 기출문제다.</u>

"수능의 모든 방향성은 지금까지 출제된 '기출'에 있다."

수능에 출제될 모든 문제는 이미 기출문제에서 푸는 방법이 제시되어 있다. 등차수열의 이차식은 어떻게 해석할 것인지, 이등변 삼각형이 나오면 어떤 행동을 해야 하는지, 정적분에서 위 끝에는 변수가 있고 아래 끝에는 상수가 들어가 있을 때는 어떤 행동을 해야 하는지 등등. <u>각종 상황마다 해결할 솔루션들이 모두 기출에 나와 있다. 이미 수십 년간 쌓인 기출문제를 통해 우리는 모든 상황에 대비된 상태로 수능장에 가야 한다. 수능장에서 무언가 새로운 문제를 보고 창의적인 발상을 하는 것이 아니란 이야기다.</u>

그렇다고 해서 내가 단지 '수능 기출을 열심히 풀어라.' 또는 '모든 건 기출 문제에 나와 있으니 기출을 잘 알려주는 학원에 다녀라.'라고 할 거라면 굳이 책까지 쓰진 않았을 것이다.

내가 겪은 모든 시행착오를 통해서 수능 기출을 공부하는 방법을 자세히 알려주고자 한다. 솔직히 말해서 예전의 나처럼 그리고 이 책을 읽는 독자처럼 평범한 학생에게 수능 기출을 직접 풀면서 모든 걸 하나하나 직접 해석하라고 하는 건 조금 강하게 말해서 미친 짓이다. 모든 문제를 직접 풀고 직접 분석을 하는 건 비효율적일뿐더러 불가능하다. 그렇게 공부할 수 있다고 해도 1년 안에 원하는 좋은 성적을 얻기는 더더욱 어렵다.

 그렇지만 우리에게는 똑똑한 선생님들이 우리보다 더 열심히 열과 성을 다해서 만든 '인강'이라는 게 존재한다. 이미 모든 기출문제를 수십 번 풀어보고 체계적으로 분석한 도구들이 우리에게 있는 것이다.

> "그래서 겨우 인강을 들으라고 이렇게 길게 설명한 건가요?
>
> 인강은 벌써 듣고 있다고요."

누군가 이렇게 이야기할 수도 있겠다. 하지만 나는 말하고 싶다. 너는 인강을 듣는 법을 모른다고. 그렇지 않은가? 왜 똑같이 현우진 선생님 인강을 듣는데 누군가는 1등급을 받고 누군가는 3, 4등급밖에 못 받는 걸까? 예를 들자면 이런 것이다. 너는 도끼를 들고 망치처럼 못을 박을 때 쓰고 있고, 망치를 들고 도끼처럼 나무를 자르는 데 쓰고 있어서 그렇다. 망치로 왜 나무가 안 잘리는지 알고 싶은가? 이제 나는 너에게 내가 어떻게 도구들을 사용했는지 자세히 알려주고 싶다.

"우리는 이미 정리된 것들을 내 것으로 만들기만 하면 된다."

2장- 두 번째 이야기

인강의 기본준비

1. 수능 인강의 기본 커리큘럼을 숙지하라

수능수학 인강은 어떤 내용을 다루는지에 따라서 4개의 종류로 나뉜다.

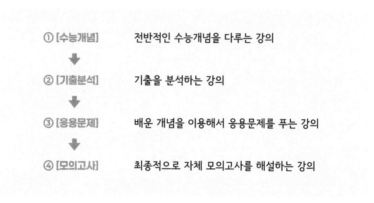

이를 순서대로 [개념인강 단계] -> [기출인강 단계] -> [응용문제 단계] ->
[모의고사 단계]라고 하자.

인강을 촬영하는 강사들은 현장에서 이미 수강생에게서 강의를 잘한다고
인정받은 강사들이다. 특히 현재 활발히 활동하는 강사들은 그중에서도 특
출난 선생님들로서, 검증을 받았음을 의미한다. 그러니 어떤 강사를 선택하
든지 강의력이나 실력에 대해서는 크게 의문점을 가질 필요가 없다고 본다.
우선 무료 강의 중에서 적당한 것을 골라 1강을 들어보고 자신에게 맞는 강
사인지 테스트해 보자. 확신이 서지 않는다면 1타 강사의 강의를 들으며 비
교해 보는 것도 방법이다.

만약 1타 강사의 설명이 별로 마음에 들지 않거나 그 선생님의 목소리가 하필 내가 싫어하는 목소리라면? 1타 강사의 강의가 아니어도 좋다. 자신과 조금 더 유대감을 쉽게 쌓을 수 있는 선생님의 강의를 듣는 게 좋다. 한 번 선택한 강사의 강의는 짧게 잡아도 몇 개월은 걸린다. 그저 귀찮다는 이유로 아무 강의나 선택하지는 않길 바란다. 제발 명심하자. 여러분이 어떤 인강 선생님의 강의를 듣던, 그분은 이미 1타로 인정받으셔서 인강을 찍고 있는거다. 여러분에게 맞지 않을 수는 있어도 틀리지는 않는다. 하도 인강을 품평하는 학생들이 많아서 잠시 얘기한다. "여러분이 듣는 사람들은 모두 1타다."

공부는 선택의 연속이고, 현명한 선택들이 모여 1등급을 만든다. 자신의 인강 선생님조차 잘 선택하지 못하면서 어떻게 공부를 잘하길 바라겠는가?

2. 그 4가지 단계의 순서를 확실히 지켜야 한다

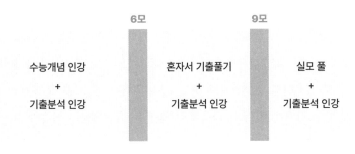

6모	9모
수능개념 인강 + 기출분석 인강	혼자서 기출풀기 + 기출분석 인강	실모 풀 + 기출분석 인강

위에서 말한 시기는 말 그대로 '이상적인' 시기일 뿐 전혀 조급해할 필요는 없다. 자신의 현 상황에 맞게 하나씩 밟아나가면 된다. 만약 아직 [개념]과

[기출]에 구멍이 숭숭 뚫려있는데 섣불리 [응용문제]를 푼다면 지금은 상상할 수 없겠지만 훗날 돌이킬 수 없는 큰 손해로 돌아오게 된다. 그러니 내 옆의 공부 잘하는 친구들이 어려운 걸 공부한다고 해서 나도 무작정 따라 하거나 무리하게 페이스를 바꿔서도 안 된다.

개념, 응용, 실전 순이라니 당연한 이야기라고 생각하는가? 이건 네가 공들일 1년을 무너뜨릴 수도 있는 무서운 선택에 관한 이야기다. 예를 들어 현역 때 3등급을 겨우 받은 재수생이 있다고 하자. 3등급을 겨우 받았다면 기출을 보긴 했겠지만 제대로 익힌 상태는 아닐 것이다. 재수를 결심하고 수학을 하루 5시간씩 열심히 공부했다. 그런데 기출은 작년에 이미 봐서 지겹다며 제대로 안 보고, 시중의 엉뚱한 N제 같은 응용 문제집이나 실전 모의고사 인강만 들으면서 하루 5시간씩 열심히 공부했다고 생각해 보라. 이 학생은 결국 기출 코드는 다 잃어버린 채로 수능을 보러 갈 것이고 수능장에서 매우 당황스러운 문제를 만나게 될 것이다. 늦었다고 생각할 때는 이미 정말 늦어버린 것이다. 노력의 배신은 이런 곳에서 일어난다.

가장 중요한 건 각 단계를 확실하게 하는 거다. 혹여 시간이 부족해서 4가지를 다 못하더라도 앞에서부터 확실히 해나가는 것이 중요하다. **1년 내내 [개념]과 [기출]을 충분히 공부하고 [응용문제]는 거의 못 풀었지만 1등급을 받는 사례는 있어도, 처음부터 [응용문제]만 풀어서 수능에서 좋은 성적을 얻는 사례는 없다.**

3. 반드시 인강을 듣는 태도를 고쳐먹어라

다 똑같은 인강을 듣지만 결과가 다른 이유

앞에서도 말했지만, 똑같이 현우진 선생님 인강을 듣는다고 해도 누군가는 1등급을, 다른 누군가는 1등급 근처에도 가지 못한다. **그 차이는 바로 '인강을 듣는 방법과 태도' 때문이다.** 나는 네가 인강 듣는 방법을 모른다고 했다. 나는 학생들이 인강을 정말 대충 듣고 있는 것을 많이 보았다. 심지어 어떤 학생들은 인강 듣는 시간을 마치 쉬는 시간처럼 보내는 경우도 흔하다. 또 겉으로는 열심히 듣는 것처럼 보이는 친구들도 막상 자세히 들여다보면 사실 인강을 대충 듣는 것을 발견하곤 한다.

'나는 인강을 열심히 듣고 있는데 이게 다 무슨 소리지?' 하며 잘 모르겠거든 이제부터 인강 듣는 법을 제대로 알려줄 테니 잘 따라오길 바란다. 먼저 인강을 들을 때 꼭 지켜야만 하는 4가지를 알려주겠다. 그동안 자신이 인강을 들어왔던 방법과 비교해 보자.

🖊 인강을 들을 때 꼭 지켜야 하는 4가지

① 어떤 수학 인강을 듣든지 선생님의 풀이를 듣기 전에 무조건 문제를 스스로 풀어본다. 그리고 푸는 동안 스톱워치로 얼마나 걸렸는지 측정한다.

개념 강의를 듣는다면 보통 선생님이 개념을 설명할 때 예시 문제를 함께 설명한다. 예시를 들을 때 '그냥 그렇구나~'라고 영화 보듯이 듣는 게 아니라, 잠시 강의를 멈춰서 방금 배운 내용을 이용해서 스스로 먼저 예시 문제를 풀어보고 나서 강의를 들어야 한다. 또 여기서 강의를 멈추고 혼자서 문제를 풀어보려고 하는 순간 스톱워치를 눌러 시간을 확인한다. 무작정 인강의 풀이를 확인하기 전에 먼저 스스로 문제 풀이 시간을 재가며 직접 문제를 풀어봐야 한다. 그러고 나서 해설을 확인해야 한다.

이렇게 하면 두 가지 효과가 나타난다.

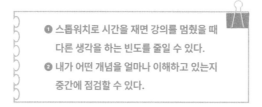

❶ 스톱워치로 시간을 재면 강의를 멈췄을 때 다른 생각을 하는 빈도를 줄일 수 있다.
❷ 내가 어떤 개념을 얼마나 이해하고 있는지 중간에 점검할 수 있다.

즉 인강을 들을 때 긴장감 없이 듣는 것을 철저히 경계해야 하는 것이다. 진이 다 빠질 정도로 집중해서 인강을 들어야 한다. 그것이 인강을 내 공부로 만드는 진짜 태도다.

❷ 나의 풀이와 인강에서 가르쳐주는 풀이를 비교한다. 풀이가 같든, 다르든 무조건 배우겠다고 생각하라.

학생이 아무리 공부를 잘해도, 수학 문제를 푸는 게 직업인 유명 인강 강사보다 수학을 잘할 수 없다. 다시 말해 내가 아무리 수학을 잘한다고 하더라도 인강 선생님의 풀이와 내 풀이가 다르다면 내 풀이를 고집하기보다는 선생님의 풀이를 내 것으로 만들려고 노력해야 한다. 풀이뿐만 아니라 문제를 읽고 나서 조건에 접근하는 것도 마찬가지다.

설령 내가 푼 방식이 더 편하다고 생각되더라도 선생님의 풀이를 받아들이고 왜 나처럼 풀지 않았을까 고민해야 한다. 일단 인강 선생님이 문제를 그렇게 푼 이유가 존재할 것이기 때문에 아직 공부가 부족하다면 선생님의 관점을, 풀이를 따라 하려고 노력하길 바란다.

물론 선생님도 사람이기에 간혹 틀릴 때가 있다. 그러니 수업을 너무 맹신하기보다는 비판하면서 듣는 자세가 중요하다. 그리고 만약 문제 풀이가 틀렸다면 전국의 수만 명의 수강생이 해당 강의를 듣고 있으므로 그 부분은 곧 수정될 것이다. 그러니 그냥 선생님을 믿고 따라가는 편이 좋은 태도이며 실력 상승에도 훨씬 도움이 된다는 사실을 기억하자.

③ 필기를 하면서 강의를 듣는 게 아니라, 강의를 들을 때는 완벽하게 이해한 후에 필기한다.

이건 정말 중요한 이야기다. 대부분의 학생이 이것을 지키지 않기에 인강을 듣는 효과가 떨어지는 것이다. 만약 자신이 강의를 들으면서 필기를 완벽하게 할 수 있다고 생각한다면 그건 매우 큰 오산이다. 우리가 생각하는 것과 달리 우리의 뇌는 절대 멀티태스킹을 잘할 수 없다. 우리가 느끼기에는 멀티태스킹을 하는 것처럼 느낄지 몰라도 수없이 많은 논문이 멀티태스킹을 하는 동안 두 행동의 효율과 정확성이 모두 떨어지는 것을 증명하고 있다.

인강의 장점은 얼마든지 다시 들을 수 있다는 것과 수업을 내 흐름대로 끌고 갈 수 있다는 데 있다. 이것을 충분히 활용해야 한다. 위에서 말했듯이 일단 선생님이 설명하기 전에 내가 먼저 풀어보고, 선생님의 설명을 듣는다. 그리고서 그 설명을 이해했는지 확인하면서 필기를 적는다. 한 번은 강의를 듣고, 또 한 번은 손으로 쓰면 내용을 즉각적으로 복습하는 효과가 나타난다. 강의를 정말 집중해서 들어본 학생들은 알겠지만 이렇게 강의를 들으면 강제로 강의에 집중하게 된다.

④ 어쩔 수 없는 경우가 아니면 강의를 나눠 듣지 마라.

인강도 학원이나 학교에서 수업을 듣는 현장 강의와 동일하다고 생각해야 한다. 강의를 듣기 전에 화장실을 갔다 오고, 수업을 들을 마음의 준비를 하는 건 당연하고 중간에 재미없게 느껴져도 절대 꺼서는 안 된다. 예상하지 못한 급한 일이 벌어진 것이 아니라면 단지 내가 편하기 위해서 강의를 임의로 나눠서 듣는 것도 안 된다.

인강의 장점은 언제든지 멈출 수 있다는 것이지만 이 장점을 치명적인 단점으로 만들어서는 안 된다. 문제를 풀기 위해서 잠시 멈추거나 풀이가 끝나서 필기를 위해서 멈출 수는 있지만 다른 이유로 강의를 멈추면 안 된다. 실력 있는 인강 강사들은 한 개의 강의를 찍더라도 모두 기승전결을 세워놓고 촬영한다. 그렇기에 마지막 예시 한 문제에서 앞에 1시간 동안 설명한 모든 내용을 총망라할 수 있을 때가 많다. 강의는 절대 중간에 끊지 말고 한번 듣기 시작하면 끝을 본다는 원칙을 세우길 바란다.

⑤ 복습

제대로 강의를 들었다면 그 내용들을 내 것으로 만들어서 수능날까지 끌고 갈 수 있어야 한다. 오늘 들은 인강은 오늘 철저히 복습해야 한다. 나는 복습을 철저하다 못해 처절하게 했다고 자부한다. 어떻게 했는지 자세한 방법은 뒤에서 설명할 테니 일단 인강을 들었으면 당일에 복습해야 한다는 것만 꼭 기억하자.

보통 개념 강의의 교재들은 두 권이다. 한 권은 메인 개념교재이고 다른 하나는 그에 맞게 연습문제들을 풀어볼 수 있는 서브교재이다. 현우진 선생님을 예로 들자면 〈뉴런〉(메인 개념교재)과 〈시냅스〉(연습교재)가 같이 붙어있다. 오늘 개념 강의 [5강]을 들었다면 오늘 자기 전에는 무조건 [5강]에 해당하는 서브교재를 풀도록 하자. 문제를 풀 때는 오늘 배운 대로 제대로 푸는지 끊임없이 확인해야 한다.

Q. 꼭 인강을 들어야 하나요? 혼자 공부하고 싶어요 ㅠㅠ

들어라. 물론 혼자서 공부하면 편하다. 공부를 하는데 편하게 한다는 소리는 나중에 시험 볼 때 힘들게 보겠다는 뜻과 같다. 공부를 힘든 방향으로 치열하게 하면 시험장에서 쉽게 문제들을 풀 수 있을 거다. 그렇기에 혼자서 공부하겠다는 것은 오만한 생각이다. 수능에 고이고, 고이고, 고여서 그렇게 잘한다고 소문이 나서 그 자리까지 올라간 사람이 인강 강사다. 내가 아무리 혼자서 수능 문제를 연구한들, 그것을 수십 년 연구하며 직업으로 삼고 있는 유명 인강 강사보다 잘할 리가 만무하다. 나도 나를 못 믿었기에 끝까지 인강을 열심히 들었다. 너도 너를 과신하지 말고 겸손하게 배우려는 자세로 인강을 듣기 바란다.

Q. 이렇게 하면 1시간짜리 인강을 들을 때 시간이 얼마나 걸리나요?

대략 1시간 30분 이상 걸릴 때가 많다. 어느 한 문제 또는 한 개의 개념을 이해하지 못하고 막힐 때도 있어서 그렇다. 미적분 같은 경우는 3시간까지도 걸린 적이 있다.

Q. 인강을 중간에 바꾸고 싶어요.

인강을 듣다 보면 선생님을 바꾸고 싶은 생각이 들 수 있다. 그러나 나는 이런 이야기를 해주고 싶다. 성적이 안 나오는 친구들은 쉽게 학원과 인강 선생님을 바꾸지만 공부를 잘하는 친구들은 처음에 선택을 잘하고 옮겨 다닐 시간에 한 번 더 복습한다고 말이다.

친구가 좋다고 하는 선생님을 쫓아다니면서 쉽게 좌지우지되는 귀가 얇은 학생들이 있다. 이들 대부분은 이렇게 쉽게 선생님을 바꾸다 보니 처음부터 끝까지 다 들은 인강이 하나도 없는 최악의 결과를 맞곤 한다. 결국 아무런 수확도 없이 말이다.

한 번만 제대로 공부를 해본 사람이라면 여러 개의 인강을 듣는 건 정말 어렵다는 걸 알 수 있다. 한 가지의 인강을 듣고 처음 복습했을 때는 이해되지 않았던 내용이 2번, 3번 볼수록 전에는 몰랐던 것들이 보이고 그냥 흘러들었던 내용이 머릿속에 들어오게 되는 것이다. 한 개를 제대로 듣고 자신의 것으로 만든 후에 그때 다른 인강을 듣는 것은 괜찮지만, 하나도 제대로 끝내지 못하면서 다른 인강으로 넘어간다면, 그건 여태까지 들었던 시간을 버리는 것과 같다. 예를 들어 나는 [개념인강]을 듣고 있는데 갑자기 옆 친구가 [응용문제] 인강을 듣는다고 하면 조급한 마음이 생긴다. 그래서 [개념인강]을 제대로 마무리하지 않고 그냥 넘어가 버리면 결국 두 개 모두 다 놓치게 된다.

중요한 건 속도가 아니라 방향이다. 다시 한번 말하지만 어떻게 공부하냐가 어떤 선생님의 강의를 듣느냐보다 중요하다. 천천히 따라와라. 내가 공부한 모든 걸 보여주겠다. 그리고 따라 하면 나보다 잘할 수 있다. 나는 시행착오를 겪었지만, 여러분들은 내 시행착오를 모두 패스하고 바로 결론으로 들어가고 있지 않은가?

4. 가장 먼저 〈수능개념 인강〉을 선택하라

이제 〈수능개념 인강〉을 선택할 차례다. 앞서 개념원리를 풀고 내신 대비를 할 때 기본적인 개념을 익혔을 것이다. 여기 2장에서 말하는 '수능개념'은 1장에서 배운 개념과는 좀 다르다. '기출을 통해 도출된 수능개념'을 뜻하는 것이다. 앞에서 예시를 들었던 것처럼 쉬운 개념인 등차수열의 일반항만 놓고 보더라도 수능은 다른 차원으로 접근하기에 수능만의 개념을 익혀야 한다.

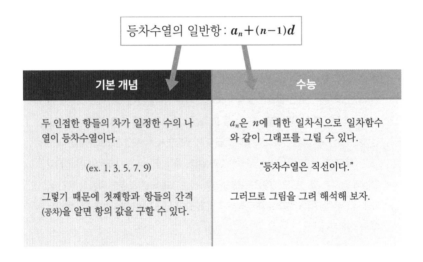

등차수열의 일반항 : $a_n + (n-1)d$

기본 개념	수능
두 인접한 항들의 차가 일정한 수의 나열이 등차수열이다. (ex. 1, 3, 5, 7, 9) 그렇기 때문에 첫째항과 항들의 간격(공차)을 알면 항의 값을 구할 수 있다.	a_n은 n에 대한 일차식으로 일차함수와 같이 그래프를 그릴 수 있다. "등차수열은 직선이다." 그러므로 그림을 그려 해석해 보자.

나는 현우진 선생님의 수능개념 강의인 〈뉴런〉을 들었다. 개념 단계에서 현우진 선생님을 선택한 이유는 가장 꼼꼼하게 가르치는 강의라고 생각하기 때문이다. 내 목표는 의대였고 그냥 무난한 수학 1등급이 아닌 '원점수 100점'이었기 때문에 처음부터 어렵고 꼼꼼하게 모든 걸 배워야 한다고 생각했다. 현우진 선생님의 강의는 다른 선생님들보다 개수도 많고 한 개의 강의

자체도 시간이 길다. 나는 정말 정성스럽게 강의를 수강했기 때문에 강의 하나당 1시간을 넘어가는 것은 기본이고, 하나의 강의에 들어 있는 내용을 완전히 내 것으로 만드는 데 더 긴 시간이 걸렸다. 그리고 절대 배속해서 듣지 않았다.

일단 현우진 선생님의 커리큘럼도 앞에서 말했던 4단계를 따르고 있다. 색깔로 표시한 것이 단계별 현우진 선생님의 강좌명이다. 현우진 선생님뿐만 아니라 모든 인강이 이렇게 4개의 단계를 거치도록 커리큘럼이 짜여 있다.

단계	수능개념	⇒	기출풀이	⇒	응용문제	⇒	모의고사
(현우진T 인강예시)	(뉴런)		(수분감)		(드릴)		(킬링캠프)

자. 현우진 선생님이든, 양승진 선생님이든, 한석원 선생님이든, 다른 선생님이든 자신에게 가장 잘 맞는 수능개념 강의를 고르고 수강 신청을 하자.

인강을 들을 준비가 되었는가? 인강 교재도 도착하였는가?
앞에서 말한 4가지 수칙을 지켜 인강을 수강해 보자.

2장- 세 번째 이야기

수능수학,
그 본질에 관한 이해 II

수학은 암기과목이다

복습법을 알려 주기 전에 한 가지 확실히 하고 싶다. 바로 수학은 암기과목이라는 사실이다.

'암기'라는 부정적인 어감의 단어에 반발심이 드는 사람들이 많을 것으로 생각한다. 그러나 사실이다. 대학의 수학과에서 배우는 수학을 두고 암기과목이라고 할 수는 없을 것이다. 그러나 적어도 수능수학에서는 암기과목이 맞다. 엄청 중요한 이야기니 내 말에 주목해 주길 바란다.

수학에서의 암기란

이 암기라는 것에 대해 확실히 하자. 잘못 암기하면 망한다. 수학이 암기과목이라는 나의 말을 듣고, 너는 이렇게 생각하고 있을지도 모른다.

"그래! 수학도 역시 암기과목이었어. 오늘부터 닥치는 대로 문제를 다 외우자."

이렇게 문제마다 풀이를 외우는 암기를 시도하게 되면 고생만 죽어라 하고, 실력은 오히려 퇴보할 수 있다. '암기'라는 말을 곧이곧대로 받아들여 마치 국어에 나오는 시조를 암기하는 것처럼 달달 외우라는 이야기가 절대 아니라는 것을 알아듣길 바란다. 내가 말하는 암기란 단순히 수학 공식을 암기하고, '이렇게 생긴 문제는 이렇게 푸는 것'이라는 풀이를 문제마다 암기하는 것이 절대 아니다. 그렇게 하면 200문제를 외워도, 시험장에서는 201번째의 새로운 문제가 나왔다고 느끼게 될 테니 말이다.

수학에서의 암기란, 문제마다 가장 좋은 풀이법을 연구해서 '일반화'시킨 '솔루션 코드'를 외우라는 것이다. 그리고 그 솔루션 코드는 단원마다 카테고리에 '범주화'되어 있어야 한다. 예를 하나 들어 보겠다. 등차수열로 예시를 들고자 한다.

나는 지금 등차수열을 수학적으로 설명하려는 것이 아니라 공부 방식을 설명하려는 것이니, 아직 등차수열을 배우지 않아서 구체적으로 이해가 어려운 학생일지라도, 카테고리를 정리하는 방법에 대한 감을 잡기 바란다.

📢 이렇게 범주화하라!

☀ 등차수열의 범주화 예시

1) 정의&일반항

정의: 두 연속된 항끼리의 차가 항상 일정한 수의 나열

일반항: $a_n=a_1+(n-1)d$

$$a_n=\underline{d}n+a_1-d \quad \text{일차함수의 꼴과 동일하다.}$$
$$\text{기울기}$$

일차함수와 똑같이 그림을 그릴 수 있다.

▶ 등차수열은 직선이다

$d>0$: a_n의 그래프

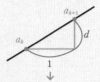

n이 1만큼 증가하면 항 사이의 차이는 d만큼이다.

$d<0$: a_n의 그래프

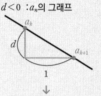

기울기로 해석할 수 있기 때문에 $\dfrac{a_m-a_n}{m-n}=d$ 라고 쓸 수 있고 $\underline{a_m-a_n=(m-n)d}$ 라고 쓸 수 있다.

(m과 n의 대소와 전혀 상관없다)

▶ 등차수열은 직선이기 때문에 $m+n=p+q$이면 $a_m+a_n=a_p+a_q$ 이 성립한다.

이는 m, n, p, q의 대소와 전혀 상관없다.

∴등차수열은 같은 개수의 수열을 더할 때 밑에 들어가는 수의 합이 같으면 결국 수열의 합도 같다.

2) 등차중항

등차중항의 정의: $2a_m=a_{m+k}+a_{m-k}\ (k>0)$

▶ 등차수열은 직선이기 때문에 등차중항은 당연한 이야기가 된다.

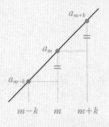

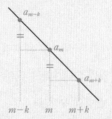

→ 3개의 항을 미지수로 잡아야 할 때

$x-p,\ x,\ x+p$ (공차: p)

→ 4개의 항을 미지수로 잡아야 할 때

$x-3p,\ x-p,\ x+p,\ x+3p$ (공차: $2p$)

3) 등차수열의 합

공식: $S_n = \dfrac{n(2a+(n-1)d)}{2} = n \times \dfrac{(a+a+(n-1)d)}{2} = $ <u>항의 개수 $\times$ 평균</u>

↓

$S_n = \dfrac{1}{2}dn^2 + (\dfrac{2a-d}{2})n$: 무조건 원점을 지나고 최고차항 계수가 $\dfrac{1}{2}d$인 <u>이차함수</u>

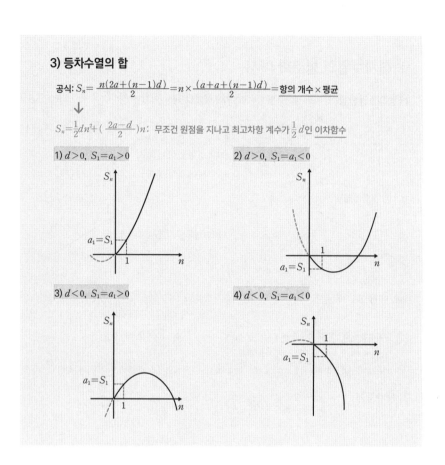

1) $d>0$, $S_1=a_1>0$

2) $d>0$, $S_1=a_1<0$

3) $d<0$, $S_1=a_1>0$

4) $d<0$, $S_1=a_1<0$

나는 문제마다 풀이를 외우라고 하는 것이 아니라, 단원마다 솔루션을 체계적으로 일반화시키라고 이야기하는 것이다. 수없이 많은 기출문제를 통해 이 표를 완성할 수 있다.

이 예시의 카테고리에 정리해 놓은 솔루션 코드를 가지고 어떻게 실제 기출문제를 푸는지도 예시를 들어보겠다. (아직 모르는 개념이라면 이 예시는 넘어가도 좋다.)

등차수열 문제 1

15. 공차가 양수인 등차수열 $\{a_n\}$이 다음 조건을 만족시킬 때,

　a_2의 값은? [4점]

(가) $a_6 + a_8 = 0$
(나) $|a_6| = |a_7| + 3$

---

① -15　　② -13　　③ -11　　④ -9　　⑤ -7

2017년도 수능 나형 15번이다. 지금이야 15번이 매우 어려운 문제이지만 이때는 1 번~30번까지 순서대로 차근차근 난이도가 상승하는 모습의 시험지여서 15번은 4점 짜리 초반 문제의 난이도와 동일하다. 지금 시험지로 생각하면 9번, 10번, 11번 정도 의 난이도로 생각하면 된다.

🔍 사용되는 코드

나는 기출을 풀면서 이런 코드를 정리했었다.
등차수열의 범주화 내용 중, **1) 정의 & 일반항**과 **2) 등차중항**에 이런 내용이 나와있다.

① **1) 정의 & 일반항** $a_n = a_1 + (n-1)d = dn + a_1 - d$로

　등차수열은 n 에 대한 일차식, 즉 직선이다.
　그렇기 때문에 기울기 역할을 하는 d가 d>0, d<0 인지에 따라서 그림이 달라진다.

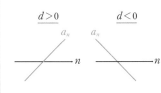

이렇게 등차수열은 일차함수와 거의 똑같이 생각할 수 있고 d는 기울기의 역할을 하고 있기 때문에 기울기의 정의를 사용해서 d를 표현 할 수 있다.

$\dfrac{y값의 증가량}{x값의 증가량} =$ 기울기$= d$, 이고 $\dfrac{a_m - a_n}{m - n} = d$이므로

$a_m - a_n = (m-n)d$라고 쓸 수 있다.

② **2) 등차중항** 일정한 간격으로 떨어진 3개의 항이 있을 때 정중앙에 있는 항의 두 배는 나머지 두 개의 항(양끝항)의 합과 동일하다.

✒ 범주화를 이용해서 푸는 풀이

❶ 문제의 첫 줄부터 등차수열, 공차가 양수라는게 보이기 때문에 등차수열의 범주화에 **1) 정의 & 일반항**에 나와있는 "등차수열은 직선이다." 와 " $d>0$인 그래프를 그린다." 라는 생각이 들어서 n축과 우상향하는 직선을 그리고 시작하였다.

❷ (가)라는 조건을 읽자마자 **2) 등차중항**의 가장 기본적인 모습이라는게 보이기 때문에 $a_6+a_8=2a_7=0$이므로, n축과 직선이 만나는 점이 $(7,\ 0)$ 이라는걸 알 수 있다.

❸ (가)까지만 읽었는데도 불구하고 이렇게 그림이 그려진다. 이렇게 그림을 그리면 $a_6<0,\ a_7=0$인 게 눈에 바로 보이기 때문에 절댓값들을 풀어 부호를 정할 수 있다.

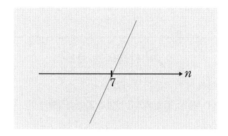

❹ 그러면 (나)의 조건이 $-a_6=3$으로 바뀌기 때문에 바로 $d=3$이라는 결론을 낼 수 있다.

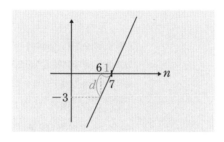

❺ $d=3$이 나온 순간, 우리는 원하는게 a_2이므로 등차수열의 코드 $a_m-a_n=(m-n)d$ 를 사용하자. $a_2-a_7=(2-7)\times3=-15$ 로 답을 내면 된다.

① 문제를 읽고 (가) 조건을 보자마자 [1] 정의 & 일반항] 에 나와 있는 "등차수열은 직선이다." 코드를 떠올리고, [2) 등차중항] 코드를 떠올려 a_7이 0이라는 사실을 통해 그림을 그려낸다.

② (나)에서 $d=3$ 이라는 걸 찾아낸다.

③ 공차를 찾은 순간 모든 걸 다 구했다는 생각과 함께 원하는 게 a_2이므로
$$a_2 - a_7 = (2-7) \times 3 = -15$$으로 답을 낸다.

실전에서는 이 3개의 단계를 모두 거치는 데 1분이 채 안 걸린다. 푸는 방법과 틀은 이미 정해져있고 나는 어떤 틀을 사용할지 선택하고 숫자들만 대입하면 완성이니까 말이다. 이런 문제를 1분 안에 풀기 때문에 다른 더 어려운 문제를 고민할 수 있는 것이다. 물론 이 정도의 빠른 풀이는 내가 이런 코드들을 수없이 연습하고 복습했기에 가능한 것이다.

🖊 범주화를 모를 경우

물론, 이런 범주화를 모두 모른다고 하자. 만약에 등차수열이 직선으로 표현되는 걸 몰랐다면 수식으로 하나하나 풀어내야 한다.

(가) 조건에서 등차중항의 성질을 이용하면 $a_6+a_8=2a_7=0$이기 때문에 $a_7=0$이 나오게 된다. 그러면 (나) 조건에 이를 대입해서 $|a_6|=0+3$이므로 $|a_6|=3$이므로 <u>두 가지 경우</u>로 나눠줘야 한다.

① $a_6=3$일 때 $a_7=0$이므로 공차는 -3이 되게 된다. 그런데 문제 첫 번째 줄에서 이미 공차는 양수라고 했기 때문에 조건에 성립하지 않는다.

② $a_6=-3$일 때 $a_7=0$이므로 공차는 3이고, $a_6-a_2=(6-2)\times 3$이기 때문에 $a_2=-15$가 나온다. 즉, 답은 -15인 것이다.

결국 모든 경우들을 하나하나 해봐야 하는 것이다. 이쯤 되면 범주화가 왜 필요한지 알 수 있다. 범주화, 솔루션 코드들은 다시 말해서 시험 보기 전에 항상 반복되는 부분들을 정리해서 내 단어들로 만들어 놓았다고 생각하면 된다. 시험 시간에 모든 경우를 하나하나 따져서 어떤 경우에는 이렇기 때문에 안되고 또 다른 경우에는 이렇기 때문에 안되고 일일이 이유를 하나씩 찾는 건 시간이 많이 들기에 큰 손해를 볼 수 밖에 없다. 그리고 인강은 나보다 수학을 잘하는 분들이 나보다 훨씬 많은 시간을 투자해서 모든 시행착오를 겪은 후에 이런 내용들을 결론으로 알려주신다. 나는 이미 만들어져 있는 결론을 외우고, 습득하면 되는 것 뿐이다.

풀이를 발상한다는 것은 착각이다

많은 학생들이 수학에 대해 착각한다. 수학 문제를 읽고 수능장에서 풀이법을 발상해서 푼다는 착각 말이다. 수능문제를 '수능 현장'에서 요리 조리 살펴보면서 창의적으로 발상해서 푼다? 감히 말하지만 그것은 거의 불가능에 가깝다고 말할 수 있다. 말하자면 아마도 그것은 수학 천재같이 타고난 소수의 사람들만이 가능할 것이다. 우리같은 일반인들은 그렇게 접근해서는 절대 수능수학을 시간 안에 풀어낼 수 없다.

수능수학이란, 기출을 토대로 여러 '풀이코드'를 암기하고, 새로운 문제를 만났을 때 그 풀이코드를 적절히 '조합'하여 '꺼내쓰는' 시험이다. 그리고 그렇게 하기 위해서 언제 어디서든 바로 꺼내쓸 정도로 솔루션 코드가 철저히 암기가 되어있어야 한다. 또 응용문제와 실전 모의고사를 통해서 그것을 사용하는 훈련이 잘 숙달되어 있어야 한다. 그렇게 되기 위해서 나는 뒤에서 이야기할 복습법들을 고안한 것이다.

수학에서 '반복'과 '암기'라는 말을 하니 생소하게 느껴질 것이다. 누군가는 이 말에 강한 반발심을 가지면서 무슨 말이냐고 격하게 반응할 수도 있다. 물론 자신의 목표가 3등급, 4등급 정도라면 사실 암기를 많이 하지 않아도 된다. 그 정도가 목표라면 어떤 공부 방법이 되었든 어느 정도만 열심히 공부하면 충분히 3-4등급은 나오니까 말이다. 하지만 자신의 목표가 1등급이라면 수학이 암기로 이루어져 있다는 이 사실을 받아들여야 한다.

수학을 잘하는 친구의 풀이를 보면 간결하고 군더더기가 없다. 수학을 잘하면 잘할수록 풀이 과정이 많지 않고 간단하게 답을 도출한다. 아무리 복잡해 보이는 문제라도 머릿속에서 이미 푸는 방법을 알고 있기에 쉽고 빠르게 풀어낸다. 이미 내가 아는 문제인데 단지 포장지만 살짝 바뀌었다고 느끼기 때문이다.

실험이나 시행착오는 시험장에서 겪는 게 아니다. 시험장에서 마주하는 문제는 이미 다 아는 문제여야 한다. 그렇기에 그저 열심히 공부했다는 사실만으로는 충분하지 않다. 열심히 공부했다고 해서 좋은 점수가 보장될 거라는 생각은 착각에 불과하기 때문이다. 열심히 공부한 결과물을 시험장에서 써먹을 수 있을 때라야 점수가 잘 나온다. 즉 매일매일, 내가 공부한 모든 내용이 다 내 머릿속에 있어야 한다.

🖊 네가 아직 1등급이 안 나왔던 이유

아마 아직 1등급은 아니더라도, 수학을 좀 해본 친구들은 내가 하는 말이 무슨 말인지 어느 정도 알 것이다. 또 내신 공부도 이렇게 해본 적이 있을 거다. 그런데도 왜 자신은 1등급이 멀게만 느껴지는지 답답해할 수도 있다. 왜 아직 1등급이 안 나왔는지 아는가? 네가 완벽하게 알고 있는 '솔루션 코드'의 개수가 아직 한참 부족하기 때문이다.

예를 들어서, 네가 등차수열 단원을 공부하고

"등차수열은 직선, 일차함수로 풀면 쉽다!"

라는 코드를 정리했다고 하자. 나는 그것 말고도

"등차수열은 같은 개수의 항을 더할 때

밑에 들어가는 수의 합이 같으면 결국 항들의 합도 같다."

"등차수열의 합은 항의 개수×평균이다."

라는 코드도 갖고 있다. 여러개의 코드를 가지도 있는 것 뿐만 아니라, 저 코드를 아래와 같이 더욱 더 세부적으로 나눌 수도 있다. "등차수열은 직선, 일차함수로 풀 수 있기 때문에 꼭 x절편이 n축 위에 있는 기대는 하지 말고, 조금 뒤틀려 있을수도 있다." 나는 기출문제를 통해 정교하게 도출된 훨씬 더 많은 코드를 갖고 있고, 그것들을 철저하게 외우고 있다. 똑같은 기출문제를 풀어도 어떻게 공부하느냐에 따라 정리되는 내용이 다르다. 누군가는 테마당 서너 개의 코드로 만족하고 그것마저 다 외우지 못하지만, 누군가는 7개 이상의 솔루션 코드를 도출하고 철저하게 외워서 자신의 마스터키로 만든다. 이것이 기출문제를 볼 때 풀어서 맞혀야 하는 대상으로 대하지 말고, 더 좋은 풀이를 배우려는 마음으로 겸손하게 공부해야 하는 이유다.

수능 문제가 어렵게 출제되었다는 건 그때까지 한 번도 본 적 없던, 전혀 새롭고 창의적인 문제가 나왔다는 뜻이 아니다. **어렵고 새로운 문제라 하더라**

도 기출 풀이코드로 충분히 풀 수 있게 마련이다. 그런데 한 가지 코드로만 풀리지 않고, 서너 개가 조합되어야 풀리는 문제라서 어렵고 낯설게 느낄 뿐이다. 다시 말해 네가 시험장에서 문제가 안 풀리는 이유는 그 문제가 만들어지며 결합된 코드 중 하나의 코드를 놓쳐서 그런 것이라고 볼 수 있다.

내가 이과 수학의 표준점수 145, 백분위 99, 원점수 97점, 의대 합격자가 되기까지, 외운 풀이 코드는 대략 총 2-300개 정도가 될 것이다. 수십 개가 아니라 300여 개의 코드를 외우는 것이기에 한두 번 보는 것으로 쉽게 외울 수 없었다. 수없이 반복해서 내 것으로 만들어야만 했다.

이 정도로 준비되면, 아무리 30번에 있는 고난도 문제일지라도, 문제 조건을 보면 어떤 조건의 조합으로 만들어진 문제인지, 어떤 코드로 접근해야 하는지 보인다. 또 만약 시도한 코드로 풀리지 않으면 어떤 다른 코드를 시도하면 되는지까지 알고 있기에 편안한 마음으로 접근할 수 있다. 말하자면 나의 시험지에는 거의 다 내가 알고 있는 문제들만 나왔다. 어떤 조건이 나오면 어떤 방법으로 풀이를 시작할지, 어떤 개념이 나오면 어떻게 상황을 나눠서 풀어갈지 이미 다 알고 있었다. 이렇게 되었을 때라야 비로소 30문제를 100분 안에 풀고 시간이 남게 되는 그 경지에 오르는 것이다. '싸우기 전에 이겨라.'라는 유명한 말이 있지 않은가? 풀기 전에 맞힐 수밖에 없는 환경을 만들어 놓아야 한다.

수학 시험을 못 본 친구들의 풀이를 보면 대부분 복잡하다. 하지만 수학을 잘할수록 서술형으로 채점해도 만점짜리 풀이인 경우가 많다. 그들의 풀이는 한

눈에 봐도 깔끔하고 조금의 시행착오도 없이 처음부터 끝까지 정확하다. 이미 자신이 수많은 시행착오를 거쳐 만들어 놓은 카테고리와 풀이방식으로 남들보다 더 빠르고 정확하게 답을 도출해 내는 능력이 내재되어 있는 것이다.

이쯤 되면 내가 왜 수학을 암기라고 하는지, 그 암기는 어떤 암기를 말하는지 충분히 이해했다고 생각한다. 그럼 이제 암기를 어떻게 마스터할 수 있는지 구체적인 방법으로 넘어가 보자.

2장- 네 번째 이야기

복습법

'복습'은 최상위권의 공통 분모였다.

이제 정말 중요한 이야기를 해주려고 한다. 나는 과학고와 카이스트, 의대를 다니면서 많은 극상위권 친구를 보았다. 단순히 열심히 하는 것만으로는 그들을 따라잡을 수도, 따라갈 수도 없었다. 열심히 하는 것은 기본이고 제대로 된 방법으로, 훨씬 빠른 속도로 실력을 올리지 않으면 그들과 경쟁하는 것은 불가능했다.

그렇게 내 주변의 극상위권 친구들을 자세히 관찰한 결과 하나의 공통 분모를 발견했다. 복습이 바로 그들의 공통점이었다. 범접할 수 없는 최상위권을 만드는 답은 결국 '복습'에 있었다.

복습이라니 뻔한 이야기처럼 들리는가? 부디 그렇게 치부하지 않기를 바란다. 적어도 나만큼 복습에 사활을 걸고 처절하게 실행한 사람이 아니라면 복습을 흔하고 뻔한 방법이라고 말할 수 없으리라고 생각한다. 오히려 자신이 지금까지 얼마나 복습이라는 것을 얕보며 허술하게 공부했는지 깨닫는 계기가 되길 바란다.

🖋️ 배워서 안다는 착각

많이들 착각한다. 인강, 학원, 과외 등 여러 수업을 들으면 지식이 늘 거라는 착각이다. 한번 진지하게 판별해 보길 바란다. 네가 수업에서 들은 지식이 진짜 본인의 지식이 되었는지를 말이다. 만약 진짜 나의 지식이 되었다면 시험을 보든, 새로운 문제를 풀든, 누군가 토론을 하든 언제든지 바로바로 신속하고 정확하게 꺼낼 수 있어야 한다. 그게 아니라면 그냥 '안다고 착각하는 지식' 그 이상도 이하도 아니다.

그냥 '안다고 착각하는 지식'이란, 단기 기억에만 잠시 존재할 뿐 장기 기억까지 지속되지 못한 채 사라져 버리는 지식을 말한다. 학원에서 배운 내용들은 우리가 누군가의 전화번호를 잠시 들은 것처럼 잠깐만 기억할 수 있는 지식이면서 '안다고 착각하는 지식'이지 장기 기억에 있는 '실제로 아는 지식'은 아니다. 그래서 정확하게 문제를 푸는 방법을 기억하는 게 아니라 '이런 비슷한 걸 풀었던 것 같은데?'라는 희미한 단기 기억만 남게 되는 것이다.

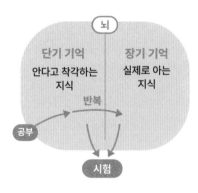

그렇지만 시험에서는 장기 기억과 단기 기억에 있는 모든 내용을 꺼내서 문제를 해결한다.

하지만 단기 기억에 지식이 들어왔다면 반복을 통해서 단기 기억을 장기 기억으로 넘길 수 있다. 인간은 원래 망각의 동물이라서 어제 먹은 점심 메뉴, 아니 오늘 먹은 점심 메뉴도 기억하지 못하는 게 정상이다. 그런데 아무런 노력도 없이 복습도 하지 않으면서 어제 배운 내용, 심지어는 일주일 전에 배운 내용이 계속 머릿속에 있기를 바라는 건 너무 과한 욕심 아닌가? 그럼 이제 이렇게 질문해야 한다.

"지식을 잊어버리는 게 정상이라면 어떻게 하면 까먹지 않게 할 수 있을까?"

✒ 복습의 두 가지 대안

사실 가장 좋은 방법은 직접 다른 사람을 가르치는 것이다. 가르치기 위해서는 어떤 순서로 개념을 알려줘야 하는지, 어떤 문제를 풀어야 하는지, 어떤 표현을 써야 이해할 수 있는지 많은 것을 생각해야 하니까 말이다. 이건 수학뿐만 아니라 게임, 축구에도 똑같이 적용된다. 많은 걸 꿰뚫고 있는 분야라면 다른 사람에게 술술 설명할 수 있지만, 애매하게 아는 분야는 남에게 설명하려 하면 어디서부터 시작해야 할지 입이 잘 떨어지지 않는다. 이처럼 문제를 풀기 위해서는 10 정도의 실력만 있으면 되지만 가르치기 위해서는 50 정도의 실력이 필요하다고 생각한다.

하지만 혼자 공부할 때 일일이 누군가를 가르치는 것은 현실적으로 매우 어렵다. 그래서 나는 두 가지 대안을 사용했다. 혼자서 공부하지만, 가르치는 것과 비슷한 효과를 나타내는 대안으로, 첫 번째는 백지 복습법이고, 두 번째는 일력 복습법이다.

첫 번째 복습법: 백지 복습법

방법 백지에 방금 배운 모든 것을 기억나는 대로 적으며
복습하는 법

적용 상황 새로운 개념을 배우고 나서
가급적 수업 직후에 적용

준비물

자신의 마음에 드는 새 노트,
볼펜, 샤프, 공부한 책

준비물을 봐도 알겠지만 정말 간단하다. 방금까지 수업을 들었다면 공부한 책을 덮고, 지금부터 백지에 자신이 방금 배운 모든 것을 기억나는 대로 모두 써 내려가면 된다. 하지만 그냥 쓰는 것이 아니다. 선생님처럼 설명한다고 생각하고 작게 혼잣말로 설명하면서 써야 한다. 이때 가상의 인물이라도 앞에 놓는 것이 도움이 된다. 나보다 공부 못하는 친구, 또는 동생에게 설명한다고 상상하는 것이다.

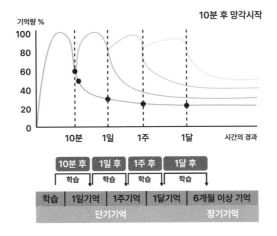

'에빙하우스 망각곡선'에 따르면 이 백지 복습법을 하기 가장 좋은 때는 '배우고 난 직후'다. 우리는 10분만 지나더라도 배운 내용의 거의 절반 가까이를 까먹기 때문이다. 그렇기에 수업을 들은 직후 그 10분 안에 조금만 시간을 내서 한 번만이라도 복습을 하면, 그 효과는 상상 이상이 된다. 학교나 학원에서 수업을 듣는다면, 쉬는 시간을 잠시만 이용하자. 쉬는 시간이 10분이라면 3~4분 만이라도 시간을 내서, 방금 수업이 끝난 그 자리에 앉아서 조금 전 50분 동안 어떤 문제를 배웠고 어떤 개념을 배웠는지 생각나는 대로 모두 적어보라. 글씨가 예쁘지 않은 건 신경 쓰지 않아도 된다. 인강도 마찬가지다. 끝났다면 바로 책을 덮고 백지에다가 어떻게든 기억나는 내용들을 모두 적어보자.

무척 간단한 방법인데 수학은 이렇게 공부하는 사람이 사실 거의 없다. (백지 복습법은 모든 과목에서 적용해야 하는 방법이다.) **이 백지 복습법이 좋은 건 방금 단기 기억 속에 저장된 지식을 오랫동안 까먹지 않게 도와주기 때문이다. 아주 적은 노력으로 말이다.**

처음 해보는 사람들은 막막할 수 있다. 백지 복습을 하려고 책을 덮는 순간 오히려 내 머리가 백지가 된 것 같이 아무것도 기억이 안 날지도 모른다. 아니면 마지막으로 들은 내용만 기억이 나거나, 배운 지식보다는 선생님이 한 농담만 기억이 나기도 한다. 처음에는 이렇듯 막막하고 어렵겠지만 몇 번 해보면 기억력이 상당히 좋아지는 것을 느낄 수 있을 테니 중간에 포기하지 않길 바란다.

백지 복습의 방법

① 수업이 끝나면 책을 덮고 A4용지를 꺼낸다.

② 백지에 방금 수업에서 배운 내용을 최대한 꺼내쓰려고
   노력한다.

③ 쓸 수 있는 만큼 다 쓴 후, 쓰려고 노력해도 기억이 안 나는
   부분은 책을 확인한 후 채워서 넣는다.

   이 과정을 통해 또 한 번 기억에 저장하는 것이다.

✒️ 이제 백지 복습을 위해 무섭게 수업에 집중하게 될 것이다

수업이 끝난 후 흰 백지를 보고 있노라면 막막할 때가 분명 있을 것이다. 무엇을 써야 할지 아무것도 모르겠고, 중간중간 내용만 기억나는 경우도, 방금 배운 문제만 기억나는 때도 있다. 문제를 보기 위해 책을 보는 건 상관없지만, 어떤 시점 이후에 아예 수업의 흐름을 기억 못 한다면, 그 수업 시간에 자신의 집중력이 어딘가에서 끊긴 경우다. 처음부터 멍 때리면서 수업을 들어 집중이 끊겼을 수도 있고, 중간에 갑자기 모르는 것이 나와서 흐름을 놓쳤을 수도 있다. 그래서 백지 복습법을 통하면 얼마나 자신이 수업에 집중했는지도 확인할 수 있다. **그렇기에 백지 복습법을 사용하기 시작하면 이제 수업을 들을 때 긴장을 놓지 않고 집중하게 될 것이다. '끝나고 배운 내용을 모두 써봐야겠다'는 마음으로 훨씬 더 집중해서 듣게 될 테니. 이것이 백지 복습법의 또 다른 효과다.**

이렇게 계속 연습하면 50분의 수업을 통째로 외우지는 못하지만 수업 전체의 흐름과 키워드는 조금씩 기억할 수 있게 된다. 세세한 내용까지는 기억하지 못하더라도, '어떤 중요한 개념들이 있었지'라고 수업의 큰 뼈대를 기억하는 수준만 돼도 좋다. 뼈대를 알면 나중에 추가적인 살만 붙이면 되니 이것만으로도 유의미하다. **이렇게 수업이 끝나고 3~4분씩 복습이 쌓이면 나중에 엄청난 시간 절감의 효과가 나타난다. 따라잡을 수 없을 것만 같은 상위권과의 차이는 바로 이런 데서 생기는 것이다.**

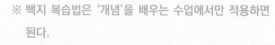

※ 백지 복습법은 '개념'을 배우는 수업에서만 적용하면
    된다.

백지 복습법은 개념 수업이 끝나고 짧은 시간 안에 해내야 하는 간단한 복습법이다. 기본적으로 백지 복습법은 수업에서 어떤 '개념'을 배웠을 때 사용하는 것이다. 만약 '문제 풀이'만 배운 수업이었다면 굳이 백지 복습을 하지 않아도 된다. 물론 문제 풀이까지 복습할 수 있으면 좋겠지만, 문제 풀이는 대부분 짧은 시간 안에 백지에 요약해서 쓰는 것이 어렵기 때문이다. 그러니 수업에서 어떤 '개념'을 배웠을 때만 적용하는 것으로도 충분하다.

그렇다면 문제 풀이까지 포함해서 모든 내용을 완벽히 장기 기억화 하는 방법은 과연 무엇일까? 나의 두 번째 대안을 보여주겠다. 바로 '일력 복습법'이다.

일력 복습법

두 번째 복습법: 일력 복습법

방법   매일 날짜별로 공부한 내용을 기록하고 체계적으로 복습하는 법

적용 상황   매일 저녁 일관적으로 적용

준비물

자신의 마음에 드는 새 노트,
볼펜, 샤프, 공부한 책

먼저 이 공부법의 중요성에 대해 강조하고 싶다. 나는 이 공부법으로 극상위권 친구들을 따라잡고 과학고 하위권에서 상위권으로 올라섰으며, 정시로 의대 입시에 성공했을 뿐만 아니라 의대에 와서도 치열한 경쟁 속에서 꾸준히 상위권을 유지 중이다. 내 공부법의 꽃인 이 공부법을 설명할 생각에 벌써 두근거린다.

일력 복습법은 한 마디로 오늘 배우고 깨달은 내용을 정리한 노트를 체계적으로 복습하는 방법을 말한다. 복습 노트는 공부하는 사람이라면 누구나 하나쯤은 갖고 있겠지만, 나와 같은 방식으로 정리해서 적는 사람, 또 나와 같은 방식으로 완벽하게 복습하는 사람은 아마 거의 없을 거라고 자부한다. 그만큼 이 공부법은 내가 자신있게 이 책을 내는 이유이자 목적이다.

일력 복습법은 한 마디로 '단권화'다. '일력'이라는 이름을 붙인 이유는 날마다 날짜를 쓰고, 그 하루의 공부 결과를 모두 기록으로 남기며 이를 날짜별로 복습하는 방식이기 때문이다. 만약 1년 동안 공부를 매일 했다면, 그 365일의 365번의 기록을 빠지지 않고 남기고, 365가지를 모두 기억하도록 하는 시스템을 만드는 것이 이 공부법의 목적이다. 즉, 공부한 날 중 단 하루의 공부 결과도 잊혀지지 않도록 하겠다는 것이다. 아무리 좋은 수업을 듣고, 아무리 좋은 내용을 배우더라도 내가 그걸 사용할 수 없고 결국에 시험장까지 가져가지 못한다면 그건 사실 아무것도 아니다. 그러니 이 공부법은 적어도 내가 배운 내용들을 수능시험장까지 무조건 가져가게 만든다는 단 한가지의 목표를 가지고 있다.

자세한 설명에 앞서, 우선 내가 쓴 노트를 예시로 보여주겠다.

일력 복습법은 두 가지 단계로 이루어져 있다. 첫 번째는 '필기' 단계이고,
두 번째는 '복습' 단계이다. 그럼 먼저 '필기'를 어떻게 해야 하는지 같이 살
펴보자.

✒ '일력 노트 필기' 단계

1. 마음에 드는 노트를 준비하고, 노트를 펼쳐서 노트 위에 날짜를 쓴다.
   (앞으로 이 노트를 '일력 노트'라고 부르자. 이왕이면 100매 이상이고, 튼튼한 커버를
   가진 노트가 좋다.)

2. 오늘 쓸 부분의 종이를 반으로 접는다. 절반을 나눠서 한 쪽씩 필기할 것이다.

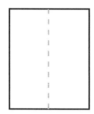

3. 공부를 마치고, 저녁 2-3 시간 동안 오직 이 노트에 내용을 적는다.

4. 개념을 배운 날일 경우, 백지 복습법과 마찬가지로, 오늘 배운 개념을 백지에
   모두 쓴다.

5. 문제 풀이를 한 날이라면 문제 풀이를 아래와 같은 방법으로 복습한다.

　　① 노트 위에 펜으로 문제를 쓰고, 그 아래 연필로 다시 한번 풀어 본다.

　　② 풀이를 최대한 보지 않고 기억나는 곳까지 혼자 풀려고 노력해야 한다

내가 필기한 내용을 따라 쓰는 게 아니라 내 머릿속에 있는 내용을 꺼내야 한다. 오늘 배운 것들을 하나하나 끄집어낸다는 생각으로 정리해야 한다. 얼마나 기억하는지 확인하는 동시에 직접 손으로 써서 또다시 복습하기 위해서다. 시험장에서는 언제나 내 머릿속에 있는 내용만 꺼내서 쓸 수 있다. 따라서 이렇게 미리 매일 매일 연습해 두면, 오히려 시험장에서는 시험지가 이 백지보다 쉽게 느껴지는 효과가 있다.

③ 한 문제를 풀고, 바로 풀이를 확인한다. 내 풀이가 맞았는지 확인한다.

6. 생각나지 않아서 못 쓴 부분, 틀린 부분, 미흡한 부분을 확인한다.

수업을 듣고 나서 조금이라도 백지 복습을 했더라도, 저녁에 막상 노트에 쓰자니 아마 많은 부분이 기억나지 않을 것이다. 이럴 때는 책을 펼쳐서 풀이를 비교해 가며 내가 어디에서 막혔는지 미흡한 부분을 노트에 빨간색 볼펜으로 적어보자. 스스로 풀 수 있었던 부분을 연필로 적었다면 막혔던 부분, 풀이를 보고 나서 힌트를 얻어서 푼 부분은 빨간색 볼펜으로 써보는 거다.

7. 중요한 부분은 형광펜과 다른 색깔의 펜을 이용해 추가로 표시해 둔다. 여기서 말하는 중요한 부분이란 아래와 같은 내용이다.

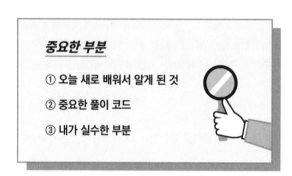

처음 문제를 적을 때는 검은색 펜으로 썼고, 연필로 풀이를 적은 뒤, 미흡한 부분을 빨간색으로 적어놓았을 것이다. 추가로 이제 위와 같이 중요한 힌트나 솔루션 코드는 다른 색깔 펜으로 표시해 놓자. 새로 배운 내용, 풀이 코드, 실수한 부분 등 내용의 성격에 따라 서로 다른 색깔로 쓰는 것이 좋다.

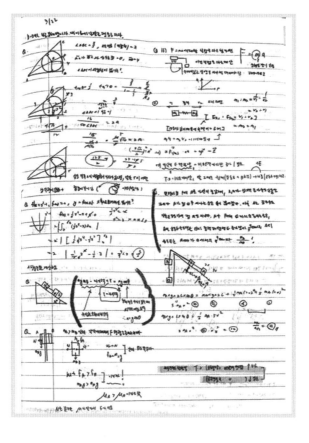

위의 예시처럼 노트에 적는 방법은 별로 어렵지 않아 누구나 쉽게 따라 할 수 있다. 만약 이렇게 300일을 공부했다면 300개의 날짜가 쌓일 텐데, 중요한 것은 300일 동안 공부한 내용을 하나도 빼먹지 않고 복습해야만 한다는 사실이다. 그러기 위해서는 아무렇게나 막 복습하지 말고, 체계적인 방법으로 계획을 세워 일정하게 복습해야 한다. 복습 방법은 뒤에서 알려줄 테니 우선 설명한 필기 방법을 잘 기억하길 바란다. 앞에서도 말했지만, 적어도 내가 배운 내용은 시험장에 어떻게든 가져간다는 생각을 가져야만 한다.

Q. 일력 노트를 필기할 때 한 페이지가 아닌 절반을 나눠서 필기를 하신 이유가 따로 있나요? 한 페이지 내에 더 많은 내용을 넣기 위해서 절반을 접으신 건지 궁금합니다.

아니다. 무조건 절반을 접어서 일력 노트를 써야 한다는 건 아니다. 다만 수능수학문제들을 풀다보면 그래프나 그림에 조건들을 표시해야 하는 경우들이 정말 많다. 그리고 시험지에 문제들을 풀다보면 위에서 아래로 쭉 내려오면서 풀어야 한다. 그래서 필연적으로 어려운 문제들까지 한 번에 볼 수 있게 쓰다보니 글씨가 작아졌고, 그래서 한 페이지를 접어 더 많은 내용을 쓸 수 있었다. 하지만 이에 대해서 강박은 가지지 않아도 된다.

그래도 이렇게 반절로 접어서 일력 노트를 쓰는 걸 추천하는 이유는 수능수학 문제들의 풀이공간은 아래 그림처럼 좁고 긴 형태이기 때문이다. 일력 노트를 쓸때에도 반으로 접어서 어차피 위에는 펜으로 문제를 쓰고 연필로 밑에 푸는 형태가 많이 나타나는데, 절반으로 접으면 수능 문제를 푸는거랑 거의 똑같은 형태로 연습을 할 수 있다.

밑에 붙여놓은 노트의 사진을 보면 실제로 수능 때 문제를 푸는 형태 또한 비슷하기 때문에 항상 반으로 접어서 일력 노트를 만들었다.

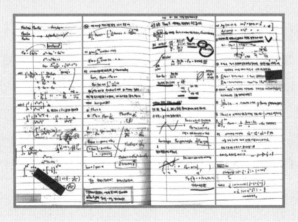

🔖 백지 복습을 하면서 '범주화맵(카테고리)'을 완성하라

앞서 설명한 백지 복습법과 일력 복습법의 필기 단계는 결국 자신의 머릿속에 있는 것을 백지에 꺼내서 그것을 교정하는 과정이다. 이 과정에서 백지에 쓰려고 어떻게든 떠올리려고 했는데 기억이 나지 않았던 부분, 그리고 오늘 배운 중요한 내용들을 빨간 볼펜과 파란 볼펜 등을 통해 표시했을 것이다.

자, 매일 매일 이렇게 노트를 정리하다 보면 수많은 개념과 깨달음이 정리될 것이다. 앞으로 이것들을 수도 없이 복습하면서 외우긴 하겠지만, 이 깨달음을 마치 파편처럼 낱개 그대로 두는 것은 효율적이지 않다. 단원별 혹은 테마별로 묶음을 만들어야 한다. 바로 아까 앞에서 말했던 것처럼 단원별로 깨달음의 '카테고리'를 완성하고 있어야 한다는 말이다. 나는 이를 두고 '범주화맵'이라는 이름을 붙이려고 한다.

삼각함수의 예시를 보자.

복습법

02. 수능수학의 본질에 대한 이해와 수능개념 마스터   91

● 삼각함수의 정의 및 성질

1)정의 $sin\theta = y$좌표 ┐ 삼각함수 자체가
　　　　　$cos\theta = x$좌표 ├ 반지름이 1인 원 위에서의
　　　　　$tan\theta = $기울기 ┘ 좌표를 표현하는 것

2)그래프의 특징 ┬ $sinx, cosx =$: 주기성, 선대칭성, 점대칭성+평행이동

　　　　　　　　　　↳미지수는 가장 작은 양수인 x좌표로 잡는 게 제일 좋음

　　　　　　　　　　그리고 한 개의 미지수를 잡았다면 문제에서 준 나머

　　　　　　　　　　지 좌표들을 모두 하나의 미지수로 표현

　　　　　　　　└ $tanx =$: 주기성, 점대칭성+평행이동+점근선

　　　　　　　　　　↳미지수는 가장 작은 양수인 x좌표로 잡는게 제일 좋음

　　　　　　　　　　그리고 한개의 미지수를 잡았다면 문제에서 준 나머지 좌표

　　　　　　　　　　들을 모두 하나의 미지수로 표현

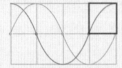　　　이 한칸을 뜯어볼 수 있다. 　→　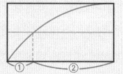

sin, cos 그래프를 그릴때

8칸 안에 들어가 있다고 생각하기

그래서 sin과 cos은 평행이동을 통해 겹쳐진다.

점들에 대해서는 점대칭성, 선들에 대해서는 선대칭성

$y = \frac{1}{2}$을 그으면 교점은 x좌표를 1:2로 내분한다.

3)각변환　　어떤 각이던지 상관없이 $\frac{\pi}{2} \times n \pm \theta$ 로만 바꾸면 단순화 시킬 수 있다.
　　　　　　무조건 1사분면, 최소한 2사분면 각으로 표현하자.

4)관계식　┌ $tan\theta = \dfrac{sin\theta}{cos\theta}$ (단, $cos\theta \neq 0$)

　　　　　　└ $sin^2\theta + cos^2\theta = 1$

5)치환　　$sinx = t$ 또는 $cosx = t$ 라고 치환하는 순간 $-1 \leq t \leq 1$의 범위가 생긴다.

위 예시를 보면 삼각함수라는 단원에서 tan가 나오면 어떤 특징에 주목할지, 각변환은 어떻게 하는 게 효율적일지, 치환을 할 때는 무엇을 주의할지 테마별 솔루션을 일반화시켜서 범주화하고 있다. 삼각함수뿐만 아니라 어떤 단원이든지, 이렇게 모든 상황에 대한 솔루션을 한눈에 알아볼 수 있게 준비해야 한다. 수능 전까지 각 단원에 완벽한 범주화맵을 완성해 놓는 것을 목표로 삼자. 그런데 백지 복습을 하면서 아래 두 가지를 지키기를 바란다.

※ 백지 복습하면서 범주화맵 틈틈이 완성하기

① <일력 노트>를 쓰면서 오늘 푼 문제에서 어떤 중요한 솔루션이 나왔다면 그것을 개별적으로 두지 말고 범주화맵에 추가해 놓자. 처음에는 솔루션이 3가지였다가 4가지가 되고, 5~6가지가 되고 그렇게 맵이 완성되는 것이다.

② 그리고 이미 알고 있던 솔루션으로 풀리는 문제를 만났을 때는 그 문제가 어떤 솔루션으로 풀리는 문제인지도 노트에 따로 표시해 두자.

✒️ 범주화의 효과

범주화 공부법에는 아래와 같은 여러 중요한 효과가 있다.

첫째로, 기억을 향상시키는 데 큰 도움이 된다.

뇌과학적으로도 아예 새로운 것보다는 원래 짜여 있는 지식의 가지에서 새로운 가지를 조금씩 추가해서 기억하는 것이 도움이 된다고 알려져 있다. 범주화는 '자신의 언어'로 배운 내용을 재정리하는 과정이다. **자신의 언어로 수업을 정리하는 것만큼 강력한 복습 방법은 없다.**

둘째, 범주화를 시작하면 점점 내가 어떤 것을 배우고 있는지 자각이 생긴다.

즉 메타인지 능력이 향상되는 것이다. 익숙해지면 처음 보는 문제도 '아, 이거 아는 내용인데….' 하면서 어떤 범주에 있는 개념으로 만든 문제인지 쉽게 파악할 수 있다.

삼각함수 범주화를 생각하며 문제 푸는 과정 예시

이 문제는 '수1 삼각함수 중 사인법칙을 이용하는 문제'였구나.

다음 문제는 '수1 삼각함수 부분의 코사인법칙과 사인법칙을 모두 이용해야 하는 문제'구나.

그다음 문제는 '수1 삼각함수 부분의 삼각함수 그래프'를 이용해야 하는데, 이번에는 'sin의 대칭성'을 써야 하는구나.

이렇게 문제를 범주화하는 것이 숙달되면, 문제를 읽으면서 어떤 단원의 어떤 개념을 응용한 문제인지 읽으면서 바로 파악할 수 있다. 또 예전에 풀었던 문제와 비교해 어떻게 응용되었는지도 파악할 수 있어 쉽게 기억난다. **범주화를 통해 이런 자각 능력이 생기면 나중에 어려운 문제를 만났을 때 그 위력을 알게 된다.** 고난도의 문제 속에 어떤 코드가 섞여 있는지 남들보다 빨리 파악 가능해서 해결 실마리 또한 금방 찾아낼 수 있게 될 것이다.

범주화는 처음에 귀찮지만 제대로 해놓으면 뒤로 가면 갈수록 그 범주에 들어가는 문제가 많아지며 점차 재미를 느끼게 될 것이다. 원래는 어려워했던 문제들도 동일한 개념을 사용해서 풀 수 있음을 한번 알게 되면, 이제 문제를 풀기 전에 지레 겁부터 먹는 것이 아니라 일단 문제를 읽으면서 어떤 개념을 이용해야 하는지 차분히 확인하게 된다. 수학이 쉬워지는 것이다.

셋째, 범주화하다 보면 어떤 '조건'이 나오면 무조건 해야 하는 '작업'들이 있다는 것을 알게 될 것이다.

매우 쉬운 예로 '이등변삼각형'이라는 조건이 나오면 '수선을 그어야 한다.' 같은 필수 코드들이 정리되는 것이다. 즉 범주화를 통해 비슷한 문제들을 인식하고 일반화하다 보면, 문제에 사용되는 핵심 개념을 100% 활용하는 스킬이 늘게 된다. 이런 스킬들이 나중에 수능장에서 핵심적인 역할을 하기도 한다.

범주화 공부법은 내가 그냥 추천하는 공부법이 아니라 네가 반드시 따라 해야 하는 공부법이다. 모든 범위에 대해, 언제든 꺼내쓸 수 있는 범주화맵을 완성하여 머릿속에 넣고 수능장에 가야 한다. 이런 중요성을 반드시 인식하고 실행하길 바란다.

Q. 일력 복습을 하면서 범주화는 어디에 쓰나요?

범주화만 따로 A4용지에 써서 파일을 만들어도 되고, 일력 노트에 바로 써도 된다.
나는 일력 노트를 쓰면서 메모하듯이 문제와 문제 사이 공간에 썼다.

운이 좋다는 것은

시험을 잘 보는 경우는 단 하나다. 시험지에 내가 아는 게 많으면 그 시험은 잘 볼 수밖에 없다. 내가 아는 게 많이 없어도, 운 좋게 그날 시험지에 아는 문제만 나온다면 당연히 좋은 성적이 나올 것이다. 그런데 반대로 운이 안 따라주면 성적은 곤두박질치곤 한다. 그래서 실력이 탄탄하지 않을수록 성적의 변화가 클 수밖에 없다.

 그렇지만 지금까지 한 노력을 단 한 번에 평가받는 수능이라는 자리에서 운에 기대는 것은 바보 같은 행동이다. 운에 기대서 내 미래를 걸고 싶은 사람은 이 책의 독자 중에서 단 한 명도 없다고 생각한다. 우리는 운에 기대는 게 아니라 오히려 운을 지배해야 한다. 내가 아는 것만 나올 수밖에 없도록, 나의 지식을 늘리는 것에 집중해서 1년을 투자해 보자.

수능 만점자들이 하나같이 겸손하게 '운이 좋았습니다.'라고 말하는 인터뷰를 본 적이 있을 거다. 그 말은 얼핏 들으면 '운 좋게도 시험지에 내가 아는 문제만 나왔다.'는 의미로 들린다. 그런데 그들이 정말 운이 좋아서 만점을 맞았을까? 그렇다. 어쩌면 그들은 운이 좋았을지도 모른다. 하지만 엄밀히 말해 그들은 운이 좋을 수밖에 없었다. 출제자가 그들이 아는 것을 피해서 모르는 것을 출제하지 '못했으니' 말이다. 그들은 자신의 공부에 빈틈을 주지 않았고, 그만큼 시험 운이 높아진 것이다.

자신이 운이 좋지 않다고 느끼는 사람이 있는가? 바로 내가 그렇다. 나는 객관식을 찍으면 놀랍게도 100퍼센트 틀렸다. 그래서 나는 실력을 키우려고 미친 듯이 노력했다. 운이 없는 대신 시험지에 나올 수 있는 모든 경우를 내 것으로 만들겠다고 생각했다. 그렇게 나는 '운에 기복이 없는 사람'이 되었다. 너도 그런 사람이 될 수 있다. 그리고 일력 복습법이 너를 그런 사람으로 만들어 줄 것이다.

일력 복습법 두 번째

✒ '일력 노트' 복습 날짜 숙지
(★이 부분은 책 전체에서 가장 중요한 부분이다.)

백지 복습과 일력 복습을 하다 보면 많은 내용이 저절로 외워지는 놀라운 경험을 하게 된다. 복습하며 적는 행위 자체가 외우는 활동이기 때문이다. 그런데 혹시 '이렇게까지 외웠는데 굳이 또다시 복습한 내용을 봐야 할까?' 라는 의문이 생기는가? 또는 '지금까지 열심히 복습했으니 해당 내용을 가볍게 몇 번만 더 보면 완벽하게 암기될 거야.' 하는 사람이 있는가? 그렇다면 큰 오산이다. 우리의 기억력은 믿을 게 못 된다. 복습하다 보면 분명히 3~4일 전에는 알았던 내용인데도 불구하고 갑자기 머릿속에 물음표가 생길 때가 있다. 그만큼 우리의 기억력은 완벽하지 않다. 그렇기에 절대 기억이 빠져나갈 틈이 없도록 더욱 복습 시스템을 철저하게 만들어야만 하는 것이다.

결론부터 말하면 〈일력 노트〉를 매일매일 하루도 빠짐없이 써야 한다. 그런데 여기서 주의해야 할 점이 있다. 오늘 배운 내용을 노트에 쓰기 전에 지금까지 썼던 내용을 매일 복습해야만 한다.

> "아니 그러면 100일 차에는 99일 치나 반복하라는 말인가요?
> 그건 너무 많은데요."

이렇게 되물을지도 모르겠다. 하지만 그렇게 하는 것이 아니니 걱정하지 마라. 그런 식으로 하면 시간이 갈수록 부담감이 기하급수적으로 늘게 되고 꾸준히 지속하기가 어렵게 될 것은 당연하다. **그렇게 하지 않고 하루의 복습량이 부담되지 않도록 모든 분량을 일정하게 10번씩 복습하는 방법이 있다.**

그 방법은 바로 1일 전, 2일 전, 4일 전, 7일 전, 10일 전, 14일 전, 17일 전, 21일 전, 28일 전, 30일 전 공부했던 내용을 복습하는 것이다. 이 숫자대로 공부하면 배운 것을 잊어버리기 전에 1주일 동안 4번 보고, 30일 동안 10번을 볼 수 있다.

복잡하게 느껴지겠지만 그렇지 않다. 자세히 설명해 줄 테니 그대로 따라 하길 바란다.

일력 복습법의 탄생 계기

이 복습을 만들게 된 3가지 아이디어는 이렇다.

>
>
> 단계 1: 첫 번째 주에 4번을 반복해서 보자. **(D-1, 2, 4, 7)**
>
> 단계 2: 그 뒤 2주 동안은 각각 일주일에 두 번씩, 총 4번을 보자.
> **(D-10, 14, 17, 21)**
>
> 단계 3: 까먹는 것을 방지하기 위해 2번을 추가로 보자. **(D-28, 30)**

이렇게 하면 한달 내에 모든 내용을 총 10번 볼 수 있게 된다.

 ## 일력 복습법의 날짜 선정법

간단하다. 오늘 날짜에서 [1, 2, 4, 7, 10, 14, 17, 21, 28, 30] 이 숫자들을
뺀 날짜들의 공부 기록이 오늘 복습할 분량이다.

어떻게 하는지 도식적으로 쉽게 보여주도록 하겠다. 예를 들어 처음 시작한
날이 2월 16일이라고 해보자.

일력 복습법 예시

1 첫날은 가볍게 오늘 배운 내용을 정리해서 적는다.

2/16

2 하루가 지난 2월 17일이 되면, 그날 배운 내용을 다시 노트에 적는다. 그리고 1일 전의 2월 16일 내용을 복습한다.

3 이틀이 지난 2월 18일에는 2/17(하루 전), 2/16(2일 전)에 공부했던 내용을 복습한다. 역시 오늘 배운 내용도 오늘 날짜에 기록한다.

4 2월 19일이 되었다. 이제는 1일, 2일, 4일 전에 공부한 부분만 복습하고 오늘 배운 내용을 쓰면 된다. 즉 '3일' 전인 2/16분 것은 복습을 안 해도 된다. 그런데 4일 전에는 공부를 시작하지도 않은 날이다. 그러니까 2/17, 2/18 분량만 복습한다.

2/15	2/16	2/17	2/18	2/19

❺ 또 다음날인 2월 20일에는 2/19(하루 전), 2/18(2일 전), 2/16(4일 전)의 노트를 복습하면 된다.

2/16	2/17	2/18	2/19	2/20

❻ 그렇게 시간이 흘러, 2월 28일이 되었다고 하자. 그러면 2/27(하루 전), 2/26(2일 전), 2/24(4일 전), 2/21(7일 전), 2/18(10일 전)의 노트를 복습하게 된다.

2/17	2/18	2/19	2/20	2/21	2/22	2/23	2/24	2/25	2/26	2/27	2/28

❼ 그렇게 처음 시작일인 2월 16일에서 30일이 흘러 3월 18일이 되었다고 하자. 3월 18일에 복습해야 하는 날짜는 이러하다.

2월

1	2	3	4	5	6	7
8	9	10	11	12	13	14
15	16	17	18	19	20	21
22	23	24	25	26	27	28

3월

1	2	3	4	5	6	7
8	9	10	11	12	13	14
15	16	17	18(오늘)	19	20	21
22	23	24	25	26	27	28
29	30	31				

계속해서 이렇게 날짜를 지켜서 복습해 가면 된다. 나는 매일 저녁, 복습하는 시간이 되면 바로 날짜부터 체크해서 해당하는 날짜의 복습부터 먼저 했다.

Q. 아프거나 쉬어버린 날이 생기면 어떡하나요?

하루이틀 공부를 못한 날이 생기면 무시하고 예정대로 진행하자. 쉰 날짜를 빼고 날짜를 이어 붙이는 게 아니라 달력 기준으로 D-1, D-2, D-4 … D-30을 진행하는 것이다. 그중에 만약 D-4일을 빼먹었다면 D-4에는 공부 분량이 아예 없어도 이런 식으로 밀어붙여야 한다. 날짜를 기준으로 해야 전체적인 밸런스를 놓치지 않을 수 있다. 나는 참고로 삼수 때는 단 하루도 쉬지 않았다. 조금 공부하는 날은 있었지만 말이다. (어떻게 그럴 수 있었는지는 뒤쪽의 멘탈 편에서 이야기해 주겠다.)

Q. 만약 내신 기간 같은 행사로 큰 공백이 생기면 다 꼬여버리는 게 아닌가요?

하루이틀 쉬는 날이 생기는 것이 아니라, 내신 준비기간처럼 한 달이 통째로 비워지면 그 한 달은 없었던 셈 치고 날짜를 이어 붙여야 한다.
예를 들어 3월 31일까지 일력 복습을 했고, 4월에 내신 공부하느라 공부가 끊겼었는데 5월 1일부터 다시 시작했다고 치자. 그러면 3월 31일 다음을 5월 1일로 이어 붙여서 진행한다.

Q. 그냥 노트 쓰고 노트를 다 외우면 되지 않나요? 저렇게 날짜를 지켜서 공부하는 게 더 복잡하고 어려워 보이는데요.

그렇게 할 수 있으면 그렇게 하면 된다. 그러나 실질적으로 그게 불가능하다. 내가 쓴 노트만 해도 빽빽하게 기록한 노트 세 권이 넘는다. 상당한 분량이다. 이것을 빠짐없이 외우려면 체계적인 시스템이 불가피하다. 한번 해보면 알 것이다.

CHAPTER 01

Q. 30일 이전의 것들은 이제 계속 안 보나요?

내가 위에서 말한 날짜에 맞춰서만 복습하면 아무리 지겹더라도 10번은 무조건 다시 보게 된다. 이렇게 노트를 반복해서 볼수록 기억나는 부분도 많아지고 점점 빠른 속도로 보게 될 것이다. 10번 정도 보면 아무리 어려운 내용이더라도 장기 기억에 거의 확실하게 자리 잡는다. 이쯤 되면 충분하게 복습해서 장기 기억에도 상당 부분 자리 잡았을 테니 30일 이전 내용은 따로 또 구체적인 체계를 잡고 복습할 필요가 없다. 가끔 시간을 내서 보는 정도로도 충분하다.

1) 슬럼프 기간 공부하기 싫을 때, 새로운 공부를 하는 대신 30일 이전의 노트 부분을 다시 보는 시간을 갖자.
2) 노트 한 권이 다 끝났을 때, 독파를 기념하면서 빨간색으로 표시한 부분을 위주로 다시 한번 보도록 하자.

 처음에는 자신이 쓴 노트를 복습하는 데 익숙하지 않아서 한 페이지를 복습하는 데도 2시간이 걸릴 수도 있다. 하지만 같은 내용을 점점 반복하면서 10번째로 그 내용을 볼 때쯤에는 복습하는 데 5분도 걸리지 않고, 빠르게 넘어갈 수 있다. 제대로 암기했다면 문제의 숫자들과 답까지 기억하고 흐름도 기억나기 때문이다. 그때야 비로소 내가 원하는 지식이 장기 기억이 되어 진짜 '내 지식'이라고 할 수 있다.

나의 복습법을 만들게 된 배경

이렇게 특정한 방식으로 복습하는 방법을 만들게 된 이유는, 나는 보다 더 과학적으로 확실한 방식으로 공부하고 싶었기 때문이다. 나는 삼수를 시작할 즈음, 효과적인 학습법에 관한 몇 가지 연구 결과를 찾아보았고 나의 공부법을 정립하게 되었다.

① 에빙하우스의 망각곡선에 따르면, 5분이면 단기 기억들이 없어진다고 했다. 그래서 나는 수업 직후 복습을 하기로 했다.
② 장기 기억으로 넘어가기 위해서는 최소한 7번은 복습이 필요하다는 연구 결과가 있었다. 나는 더 확실하게 10번을 보아야겠다고 생각했다. 그래서 10번을 볼 수 있는 날짜별 복습법을 고안했다.
③ 또한 잠을 자기 전 공부한 것들이 자면서 머릿속에서 정리가 된다는 연구 결과에 따라 나는 항상 자기 전 2~3시간을 복습시간으로 정하게 되었다.

일력 복습법 세 번째

작성된 일력 노트 복습법

〈일력 노트〉를 정성스럽게 써왔고, 날마다 어떤 날짜의 분량을 복습해야 하는지도 숙지가 되었을 것이다. 그렇다면 각 날짜별로 어떤 방법으로 이 노트를 복습하면 될까? 복습하는 방법은 일력 복습도 기본적으로 백지 복습과 똑같다. 새로운 백지(A4용지) 위에 각 날짜에 기록된 문제들을 또 한 번 풀어보는 것이다.

① 〈일력 노트〉 안에 각 문제들은 문제 부분은 펜으로 적혀있고,

풀이는 연필로 적혀있다.

② A4용지를 이용해 풀이만 가리고 문제가 보이지 않게 하면서 새로 풀어본다.

이렇게 복습하면 처음에 노트를 쓸 때는 몰랐던 것들이 서서히 보이기 시작할 것이다. 내 지식이 늘어가는 만큼, 같은 문제를 보더라도 다르게 보이는 것이다.

※ 복습하는 자세가 나태해진다면

7~8번쯤 보면 이제 거의 모든 부분이 기억나기 시작한다. 그런데 이때가 가장 위험하다. 거의 많은 부분이 기억나면서 슬슬 나태해지기 때문이다. 10개에 해당하는 날짜를 모두 복습하다 보면 뒤로 갈수록 점점 집중력도 떨어지고 힘들다는 생각이 들기 시작한다. 만약 이때 백지 복습이 하기 버겁다면 색연필이나 형광펜으로 단권화한 부분에 밑줄을 치면서 가볍게라도 공부해 보자. 기억이 잘 난다고 생각이 들 때도 모든 걸 다 알고 있다고 자신하지 말고, 처음 보는 문제라고 생각하면서 지식을 빠르고 정확하게 꺼내는 연습을 해야 한다.

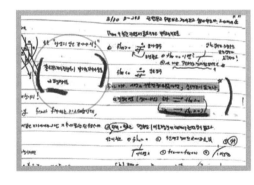

3/30의 실제 노트

맨 윗줄에 그날의 각오를 적고, 각각 다른 날에 복습하며, 중요한 부분을 첫 복습 때는 초록색 형광펜으로 표시해놓고, 다음 복습 때는 색연필로 표시했다.

일력 복습법 하루 루틴

1. 저녁 시간을 무조건 확보하자

수능을 공부하는 1년 동안, 단권화를 해놓고 복습하는 시간을 하루에 2시간씩 꼭 확보해야 한다. 예를 들어 12시에 잔다고 가정하면 무조건 9시 반부터는 오늘 배운 내용을 정리하는 시간으로 빼놓자.

*주말과 방학 때 하루 종일 공부한다고 치면 2시간은 복습 시간으로 확보해야 한다는 말이다. 만약 학기 중이라서 평일에 공부 시간이 많지 않다면 1시간 정도를 복습 시간으로 잡으면 된다.

2. 걸리는 시간

나도 처음에는 3시간, 많게는 4시간이 걸렸다. 어떤 날은 어려운 부분이 몰려있어서 온종일 백지 복습에만 매달린 날도 있었다. 그래서 처음에는 시간을 더 여유 있게 두고 공부하면 좋다. 특히 맨 처음에는 내가 오늘 공부한 내용의 문제를 어느 범주에, 어떻게 나눠야 하는지 고민해야 하기에 시간이 상당히 오래 걸린다. 그러나 이 공부 방법이 익숙해지면 복습하는 시간은 점점 더 줄어들 것이다. 힘들더라도 딱 1달만 참고 해보자. 1달이 지나고 난 후부터는 내 실력이 빠르게 성장하고 있다는 것을 직접 느낄 수 있을 것이다.

일력 복습법의 효과 ①

이렇게 계속 연습하다 보면 세 가지 효과를 얻는다.

> 1. 단기 기억의 장기 기억화.
> 2. 시험이 쉬워진다.
> 3. 과목 간 불균형이 해소된다.

먼저 첫 번째 효과인 '단기 기억의 장기 기억화'에 대해 말해보자. 다들 알다시피 단기 기억은 주기적인 반복을 통해서만 장기 기억화 된다. 그러나일력 복습법은 아직 단기 기억에 머무르고 있는 '갓 배운' 지식을 장기 기억으로 바로 넘어가게 해주는 효과가 있다. 아무것도 없는 상태에서 혼자 힘으로 지식을 꺼내오려고 하는 시도 자체가 기억력에 엄청난 임팩트를 준다. 물론 처음에는 이렇게 꺼내오는 행위 자체가 고통스럽고 힘들다. 하지만 이공부법을 계속 반복하다 보면 그 행위를 더욱 쉽게 할 수 있게 뇌에서도 도와준다는 느낌을 받을 것이다. 뇌에 반복되는 자극을 줄수록 뇌도 그 행위가 중요하다고 판단하고 스스로 돕기 때문이다.

나는 계속해서 수학은 암기라고 주장하고 있다. 그런데 혹시 속으로 이렇게 의심하고 있는가?

"왜 자꾸 수학공부법인데 단기 기억, 장기 기억 같은 소리를 하고 있을까? 수학이 탐구 같은 암기과목은 아닌 것 같은데 수학이 기억력과 그렇게 관련 있는 게 맞을까?"

내 말에 반박하는 것은 독자의 자유다. 그러나 혹시 당신이 수학적으로 평범한 두뇌를 가졌다면 내 방법을 따라하는 것이 적어도 1년이란 시간을 아껴줄 거라고 확신한다. 아무 공부 방법이나 선택해서 결국 재수를 하고, 삼수를 하면서 직접 실험해 볼 필요가 있을까? 나는 없다고 생각한다.

살면서 수학 1등급을 받아 본 적이 있는가? 수학 1등급은, 그것도 이과에서의 1등급은 얼마나 어렵다고 생각하는가? 다른 과목이 아닌 수학 모의고사 시험지에 1번부터 29번, 30번까지 모두 동그라미가 쳐진다는 건, 네가 생각하는 것보다 더 어렵다. 그것도 수능이라는 떨리는 실전에서 1등급, 백분위 99 이상이 나오기는 더더욱 어려운 일이다. 수학 상위 4% 안에 든다는 건 의대를 가고, 약대를 하고, 한의대를 가고, 서울대를 가는 학생들이 이뤄내는 일 아니던가?

현역 때 4등급이었던 나는 이 공부법으로 처절하게 공부했다. 그리고 체화가 된 후 어느 순간부터 문제를 풀면, 신기하게도 내 생각이 끝나기도 전에 손이 먼저 문제 푸는 걸 여러 번 경험했다. 손이 머리보다 빠르게 답을 내고 있었던 것이다. 수능 시험장에서는 너무 긴장해서 멈칫한 순간이 있었지만,

마음을 진정시킨 뒤에는 바로 내 머릿속 어딘가에서 툭툭 풀이가 튀어나와서 아주 쉽게 풀었다. 두 번째 효과 '시험이 쉬워지게 된다'는 것은 바로 이런 것을 말한다.

나는 백지 복습법과 일력 복습법을 한 이후부터는 수학을 잘하게 되었음은 물론, '수학 시험 자체'가 쉬워졌다. 이 부분은 나도 전혀 예상하지 못한 효과였지만 시험을 보면서 몸소 체험할 수 있었다. 아무 힌트도 없는 백지에 내 '지식'을 끌어내 쓰려고 꾸준히 노력하다 보니, 오히려 시험을 볼 때는 마치 문제가 지식을 끌어내는 데 도움을 주는 '힌트'로 느껴진 것이다. 스스로 텅 빈 백지 위에 모든 걸 끄집어내서 쓰는 행위보다는 오히려 시험이 쉽다는 생각이 들었다.

세 번째 효과로, 이렇게 날짜를 지정해서 복습하면 영역 간의 불균형도 쉽게 해소할 수 있다는 장점이 있다. 예를 들어 공부하다 보면 수1이나 확통이 재미있게 느껴지면서 계속 치우치게 되는 것을 볼 수 있다. 자기도 모르게 수2는 덜 하게 되는 것이다. 또, 원래 계획보다 불균형하게 공부하는 날들도 있다. 하루 이틀 정도는 그렇게 해도 크게 상관이 없지만, 자신도 모르게 계속해서 치우쳐진 공부를 하게 되면 특정한 부분만 잘하게 된다. 그러면서 공부를 덜 하는 영역은 원래 알고 있던 내용도 많이 잊어버리게 되는 것이다. 항상 수능에서 좋은 성적을 얻기 위해서는 자신이 잘하는 걸 계속해서 강점으로 가져가는 것보다, 부족한 부분이 없게 만들어야 한다는 걸 명심하자.

그렇게 자신도 의식하지 못하고 불균형한 공부를 하다 시간이 많이 흘러가고, 결국 시험이 가까워져서야 자신의 실력이 불균형하다는 것을 깨닫게 될지도 모른다. 이것은 1년을 날릴 수 있는 치명타로 작용할 수 있는 만큼 정말 주의해야 한다. 위에 말한 복습 날짜를 지켜서 모든 영역을 고루 복습하길 바란다. (수학이 대부분을 차지하긴 하지만 나는 노트에 다른 과목의 내용도 함께 적어서 복습했다.)

여담과 당부의 말

나는 정말 공부하기 싫고 힘든 날에도 <일력 노트>만큼은 무조건 쓰고 복습을 마치고 잤다. 1년 동안 노트 복습하는 것 하나도 꾸준하게 하지 못하면 좋은 성적을 받을 자격이 없다고 생각하면서 1년 동안 단 하루도 빠짐없이 단권화 노트를 쓰고 복습했다. 삼수 기간에는 정말 단 하루도 빠짐없이 이 노트를 썼다.

여기까지 읽은 독자 중 누군가는 '에이, 이렇게까지 해야 하나?', '이게 그렇게 중요한가?'라는 생각을 하고 있을 수도 있다. 처음에는 익숙하지 않고 시간이 오래 걸리는 데다 복습해도 당장 별 차이를 못 느끼기 때문이다. 또 오히려 복습을 하면서 진도도 느려지기 때문에 나와 맞지 않는다며 의심할 수도 있다. 그렇지만 공부는 하루, 이틀 하는 게 아니라 최소 수개월 동안 새로운 내용을 계속해서 받아들이면서 지식이 쌓이는 과정이다. 더구나 수학은 긴 시간 동안 너무나 많은 내용을 수련하는 과정이고, 복습 역시 긴 과정에 걸쳐 이루어졌을 때에서야 위력을 발휘한다.

운전을 하든, 요리를 하든, 축구에서 슈팅을 하든, 글을 쓰든 분야를 막론하고 그 일을 가장 효율적으로 해내는 방법은 이미 경험해 본 사람들이 잘 안다.

어떻게 하면 잘할 수 있는지 미리 경험해 본 사람들이 말하는 방법을 따랐을 때 수월하게 진행된다. 물론 처음에는 어렵고 불편할 수 있다. 그러나 조금만 참고 익숙해질 때까지 인내하면 처음 시작 속도는 느리더라도 점점 익숙해져 빠르고 정확하게 할 수 있다.

그러다 보면 나중에는 분명히 내 옆의 친구가 나를 보고 이런 말을 하게 될 것이다. '아, 왜 나는 남들처럼 머리가 좋지 않을까?' 하고 말이다.

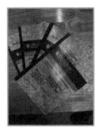 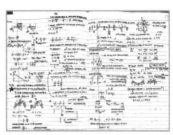

내가 쓴 <데일리 노트>의 일부일 뿐이다. 나는 하루도 빠짐없이 매일 <데일리 노트>를 정리했고, 체계적으로 복습했다.

노트 윗부분에는 내 좌우명이 쓰여 있으며, 복습을 하도 많이해서 오른쪽 아래가 너덜너덜해졌다.

수능장에 들어갈 때는 정말 저 노트에 있는 어떤 내용도 모르는 것은 없었고, 수능 전날 양면으로 된 400매짜리 노트를 모두 외우고 들어가는 학생이 몇 명이 될 것인지 생각하면서 편안한 마음으로 자신감에 차서 잠을 잤고, 이 자신감은 실제로 내가 그토록 원하던 의대라는 좋은 결과로 이어졌다.

일력 복습법의 효과 ②

❶ 극상위권 사이에서도 살아남는 일력 복습법

이렇게 내가 1년 동안 수능 준비를 하면서 계속 반복했던 공부법의 효과로, 대학생이 되고 몇 년이 지난 지금까지 아직도 장기 기억 속에 수학, 과학적 지식이 그대로 남아 편하게 사용할 때도 많다.

또한 의대 공부를 하면서도 나는 예전과 똑같은 방식으로 공부하고 있다. 그러면서 느낀 점은 이 공부 방법이 공부 잘하는 사람만 모였다고 평가받는 의대생들 사이에서도 통한다는 것이다. 어느 정도 예상은 했지만 막상 의대에 와보니 공부할 양이 정말 너무나도 많다. 매일매일 하루 8시간에 걸쳐 새로운 내용을 배우다 보니 상대적으로 복습할 수 있는 시간이 부족하다. 그래서 예전처럼 10회독을 하지는 못하고 4회독 정도만 하고 있다. 사실 아무리 잠을 줄이고, 주말을 잘 활용한다고 해도 1주일에 1번씩 시험을 보기 때문에 물리적으로 10회독을 할 수 있는 방법이 정말 없기 때문이다. 그래도 일력 복습법과 최대한 비슷한 방법으로 하고 있다. 그러자 의대를 다니면서도 아래와 같은 성적을 받았고, 익산시 의사회에서 주는 장학금도 탈 수 있었다.

예과 2-2가 끝나고
좋은 성적으로 장학금을 받았다.
(성적뿐만 아니라 학교생활,
교수님의 주관도 들어가는 장학금이다.)

연속적으로 10등에 가까운 성적을 받았다.
(10등이면 상위 10%에 들어간다.)

2 극상위권 친구와의 복습법 비교

과학고 때부터 내 주변 친구들을 살펴보면 형태만 다를 뿐 마찬가지의 방식으로 공부한다는 것을 알 수 있었다. 특별히 이번 책을 집필하고 검증하기 위해, 같이 한성과학고에 다녔지만 단 한 번도 성적으로는 내가 이겨본 적이 없는 친구를 찾아갔다. 공부를 너무 잘해 내가 공부하는 방법뿐만 아니라 문제 질문도 많이 했던, 실제로 내 옆자리에 앉았던 친구다. 그는 서울대학교 생명과학부와 컴퓨터공학부를 복수전공으로 졸업하고, 공부를 너무 잘해 군대도 과학기술전문사관으로 복무 중인 친구(김준영)다. (나는 성적이 모자라도 의대에 가고 싶어서 난리였지만, 준영이는 의대를 충분히 갈 수 있는 성적에도 자신이 하고 싶은 전공을 선택했다.)

이런 준영이의 공부 방법도 나와 결이 매우 비슷하다. 아래 이 친구의 진술을 살피고, 비교해 보자.

① 어떤 수업이든 들은 후에 수업 내용을 눈으로만 보지 않고 '무조건 노트에다가 쓰면서 요약'했다.

② 노트에 요약할 땐 노트에 쓰인 요약본만 보더라도 학교 수업 내용이나 인강 내용을 알 수 있게 적어야 한다.

③ 노트를 쓸 때는 개념과 개념의 연결을 중시하면서 스토리를 만들려고 노력했고 서로 연관 있는 개념들은 화살표 같은 기호로 표시해서 쉽게 기억나게 했다. (내가 위에서 범주화라고 말했던 내용이다.)

④ 어떤 조건이 나오면 어떤 행동을 해야 한다고 케이스를 정리해 놓아야 한다. (역시 범주화와 같다.)

⑤ 복습의 중요성은 아무리 강조해도 지나치지 않는다는 데 동의한다. 한 번에 많이 공부하는 것보다 최대한 자주 보려고 했고, 특별한 이벤트가 있는 날이 아니라면 무조건 공부를 매일 하면서 복습을 병행했다. 당연히 복습은 재미없지만, 무조건 해야 한다.

⑥ 가르치듯이 공부하면 그 과정을 통해 개념 간의 스토리도 만들고 기억에 더 잘 남았다.

⑦ 한 번 배운 내용은 이미 아는 내용이더라도 암기를 위해 3번은 복습했고, 중요한 단원이나 어려운 내용은 5~6번까지 반복 요약해서 노트에 정리했다.

이렇게 똑똑한 친구도 이 정도로 복습했다는 사실을 알 수 있다. 이 말은 곧 평범한 우리는 최소 10번은 보아야 확실한 복습이 된다는 얘기다.

CHAPTER

03

기출 마스터

제3장

3장에 대한 소개

2장에서 우리는 수능의 본질에 대한 이해와 '수능개념 인강' 듣는 법, 그리고 일력 복습법까지 살펴보았다.

2장에서 소개한 '수능개념 인강'은 각 단원마다의 〈평가원 핵심 접근 point〉들을 알려주는 강의다. 그리고 이 수능개념 강의는 '선별된 기출'을 통해 이루어진다.

자, 그럼 이 강의를 통해 정립된 '수능개념'을 가지고 이제는 선별된 기출이 아닌, '모든 기출문제'에 적용해야 하는 단계에 왔다. 아직 풀지 않은 기출문제가 아주 많이 남았기 때문이다. 그래서 3장의 이름은 '기출 마스터'다.

기출 마스터의 단계는 크게 2가지로 이루어진다.

첫 번째는 기출 인강 단계
두 번째는 혼자서 푸는 단계

하나씩 설명해 주겠다.

기출 인강 듣기

기출 인강의 필요성

기출 인강이란 이미 기출에 대한 핵심 내용을 상당 부분 알고 있다고 전제하고, 그 관점들을 더 많은 문제에 적용하는 트레이닝 강의다. 이미 개념 인강에서도 중요한 기출문제들을 풀었겠지만, 사실 우리가 생각하는 것보다도 훨씬 많은 기출문제가 남아 있다.

기출문제는 이미 수많은 검증을 거쳤기 때문에 우리가 배운 관점을 적용하기 좋은, 최고의 연습문제들이다. 혼자서 한 번 풀고 답이 맞으면 동그라미 치고 틀리면 긋고 넘어가도 되는 그런 문제들이 아니다. 제대로 접근하고 분석하는 방법을 배워야 한다. 그렇기에 기출을 처음 푸는 사람이라면 절대 혼자서 하는 것을 추천하지 않는다. 기출 인강을 들어야 한다. 만약 기출 인강을 고3 때 들은 학생이 재수를 한다면, 재수 때는 기출을 혼자 해도 괜찮다. 그러나 처음에는 누구나 꼭 한 번은 듣는 것이 좋다.

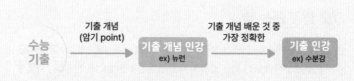

현우진 선생님의 기출 강의라면 '수분감'이라는 강의가 되겠다. 본인에게 맞는 선생님을 찾되 가능하면 자신이 기출 개념 인강을 들은 선생님의 강의를 선택하는 것을 추천한다.

다시 말하지만 기출은 답을 맞히려고 푸는 문제집이 아니다. 이제 겨우 막 기본적인 개념을 익힌 나의 풀이보다, 훨씬 더 훌륭한 풀이가 나를 기다리고 있다. 기출 인강을 통해서 이전 인강에서 배운 〈핵심 풀이 코드〉들을 내가 잘 숙지하고 있는지 확인하고, 내가 문제에 적용한 풀이가 선생님의 풀이와 어떤 차이가 있는지 비교해 보길 바란다. 점점 선생님과의 풀이가 비슷해지면서 빠르고 정확하게 〈암기 point〉들을 적용해서 문제 풀이가 가능해짐을 확인할 수 있다.

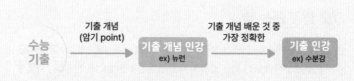

기출 인강 듣는 법

인강을 틀어놓는 것은 어렵지 않다. 그러나 제대로 듣는 것은 생각보다 어려운 일이다. 앞서 안내한 인강 듣는 법을 다시 한번 상기하면서, 기출 인강에는 어떻게 적용할지 살펴보자.

① 문제마다 강의를 멈추고 먼저 풀어본다.
② 기출 개념 인강에서 배운 것을 활용하려고 노력하면서 푸는 것이 핵심이다.
   ex) 저번에 삼차함수가 나오면 몇 가지 솔루션이 있었지?
③ 그리고 강의를 통해서 선생님의 풀이와 내 풀이의 차이를 확인한다.
④ 관점의 차이가 있다면 선생님의 관점에 맞추려고 노력한다.
⑤ 인강은 절대 끊어 듣지 않는다.

✒ 기출 인강 들을 때 주의점

기출 인강 3개를 들을 때 무조건 한 과목의 인강을 다 들은 후에 다음 인강으로 넘어가자. 예를 들어서 수1 인강을 듣고 있다면 잘 안 풀리거나 자신이 어려워하는 부분이 나온다고 해서 수2 인강을 듣지 말고, 무조건 수1 인강을 다 들은 후에 수2 인강으로 넘어가는 것이다. 동시에 두 과목의 기출 인강을 듣는 것보다는 과목 하나를 마무리하고 나서 다른 과목을 듣는 게 훨씬 도움이 된다. 수1은 수1만의 특성이 기출문제에 모두 묻어있고 수2는 수2만의 고유한 특성이 있다. 그러므로 한 과목을 모두 듣고 나서 다른 과목의 기출로 넘어가야 한다.

Tip: 노력은 배신한다.

"노력은 배신하지 않는다."

이 말은 어릴 적부터 부모님들 사이에서도, 학생들 사이에서도 진리로 통했다. 나도 이 말을 철석같이 믿었고 내 책상 앞에 포스트잇에 써서 붙이기도 했다. 공부하기 전에 "노력은 배신하지 않는다."를 보며 매일 열심히 할 것을 다짐했다. 이 말은 심지어 2020학년도 수능 만점자 송영준 님이 《공부는 절대 나를 배신하지 않는다》라는 제목의 책을 쓰면서 더욱더 유명한 말이 되었다. 부모님들은 자녀가 성적이 안 나올 때마다 "저희 아이는 머리는 좋은데 공부를 너무 안 해요.", "노력하려고 하지 않아요."라고 쉽게 말한다.

나 역시 '노력은 배신하지 않는다.'라고 생각하면서 열심히 공부했지만, 성적은 오를 기미가 보이지 않았다. 그런데 고2 때 공부법을 만들고, 더 물러설 데가 없어 간절하게 공부하다 보니 평소 자신 없었던 물리에서도 중간, 기말 모두 1등을 하는 성과를 얻었다. 그렇게 얻은 자신감으로 난도가 높았던 2022학년도 수능 물리 과목에서 만점을 맞아 전국에 몇 안 되는 물리 만점자 중 한 명이 되었다.

성적이 오르기 전까지는 "노력은 배신하지 않는다."라는 말의 뜻을 전혀 이해하지 못했다. 오르고 나서 다시 보니, 내 앞에 있는 친구들보다 성적을 잘 받기 위해서는 다른 좌우명이 필요했다. **그때부터 내 좌우명은 "노력은 배신하지 않는다. 단, 내 노력이 남들의 몇 배 이상일 때만이다."로 바뀌었다.**

그 후로 이 말을 나의 모든 "일력 노트" 앞에 적어 놓았다. 노력은 배신하지 않는다는 말은 조금씩만 노력해도 누구나 성적이 오르고 결국에는 내가 원하는 걸 이룰 수 있다는 허황된 꿈을 꾸게 한다. 이 말은 희망 고문에 불과하다. 모두가 성적을 오를 정도로 열심히 하지는 않는다. 상대평가의 시험에서는 내가 남들보다 더욱 노력해야 점수가 올라간다는 사실을 명심하자. 나보다 이미 성적이 좋은 친구들은 습득하는 속도도, 이미 알고 있는 지식도 나보다 훨씬 많다. 내가 노력하는 동안 그 친구들도 놀지 않고 공부한다. 그렇기에 그 친구들보다 성적이 잘 나오고 싶다면 훨씬 많이 시간을 투자하고 공부해야만 이길 수 있다.

다시 한번 강조하지만, 수학은 여느 과목과 다르게 "1등급을 맞을 실력"이 만들어지기까지 오랜 시간이 필요하다. 〈수의 언어〉를 이해하는 것뿐만 아니라 직접 자신이 〈수의 언어〉를 응용할 수 있어야 하기 때문이다. 〈국어〉와 〈영어〉는 모든 답들이 선택지로 나와있어서 5개 중에 고를 수 있지만, 〈수학〉은 〈수의 언어〉를 이해하고 응용하는 두 단계를 모두 거쳐야만 좋은 성적이 나온다. 내가 알려준 "일력 공부법"을 적용한다고 해서 한 달 안에 1등급이 되지 않는다. 만약 그런 친구가 있다면 이미 실력이 만들어진 상태였지만 발현시키지 못하다가 운 좋게 내 공부법으로 실력이 발현된 것이다. 그렇지만 "일력 공부법"은 평범한 학생도 천천히 인내심을 갖고 매일 복습한다면, 빠르지는 않지만 점점 실력이 확실하게 느는 방법을 알려줄 것이다. 처음에 일력 노트를 작성하는 것도 어려워 우왕좌왕하던 학생도, 일주일, 한 달, 두 달 시간이 지나 복습이 자연스러워지는 순간, 실력이 향상되어 자신도 모르는 사이에 성적이 많이 오른 걸 발견하게 될 것이다.

지루한 과정을 참고 남들보다 열심히 하면 남들은 얻지 못하는 달콤한 열매를 가질 수 있다. 공부를 정말 잘하는 친구들을 보면 자투리 시간에도 자신만의 단어장을 꺼내서 보고 누가 시켜서 공부하지 않고 자신이 해야 하는 걸 알기 때문에 조금씩 매일 공부한다는 특징이 있다.

물론 1년 동안 공부해서 수능을 보고, 한 번의 시험이라도 잘 못 보면 전체 내신이 날아갈 수도 있기에 두려움을 느끼고 부담감이 있을 수밖에 없다. 하지만 너무 멀리 보지 말자. 1년 후, 1달 후를 보지 말고, 그저 하루, 한 시간을 제대로 공부하자.

누구나 고생은 하고 싶지 않고 결과는 쉽게 얻고 싶다. 하지만 세상에 공짜는 없다.

혼자서 기출문제집 풀기

1. 기출문제를 혼자서 푸는 단계의 필요성

지금까지 내가 말한 내용을 잘 따라오면서 기출 인강까지 완강한 사람이라면

> ① 미리 인강을 듣기 전에 기출문제들을 풀어보고
>
> ② 기출 인강을 들으며 〈솔루션 코드〉들을 정리하고
>
> ③ "일력 노트"에 써서 복습했을 것이다.

즉 기출 풀이 인강을 들으면서 일력 복습까지 했기 때문에 기출을 꽤 많이 본 상태일 거다. 그럼에도 불구하고 앞에서 꾸준하게 말한 것처럼 모든 수능 문제는 기출에서부터 시작되기 때문에 기출 공부를 한 번 더 해야 한다. **지금까지 인강의 도움을 받아서 기출문제를 풀었다면, 이제는 내가 혼자서 풀어보는 시간이 필요하다.**

이 작업은 크게 새로운 걸 배우기 위함이 아니다. 수능개념 인강과 기출 인강을 통해서 배운 내용을 잘 기억하고, 활용할 수 있는지를 확인하는 작업이다. 정말 혼자서 기출을 풀 힘이 생겼는지 제대로 점검해야 한다는 뜻이다.

결국 수능 시험장에는 오로지 나 혼자 들어가서 모든 시험을 봐야하기 때문이다. 이 단계는 어쩌면 수능수학 공부 중 가장 재미있는 단계가 될지도 모른다. 이 부분 역시 찬찬히 구체적으로 알려줄 테니 잘 따라와 주길 바란다.

2. 추천하는 기출문제집

검정색 《마더팅》을 풀어라.
수많은 기출문제집 중에서 이 책을 추천하는 이유는 네 가지이다.

❶ 하루에 공부할 양이 정해져 있어서 공부하기 편하다.

《마더팅》을 보면 DAY 1, DAY 2처럼 하루에 공부할 분량이 표기되어 있다. 분량이 적절하게 배분되어서 얼마만큼 공부해야 하는지 직접 계산할 필요가 없다. 표기된 분량을 따라서 풀면 된다.

❷ 오래된 기출문제 중에서 필요한 문제만 잘 선별되어 있다.

최근 5년 기출뿐만 아니라 더 예전 기출도 풀어보아야 한다. 그러나 옛날 기출문제에는 쉬운 문제도 많고, 같은 시험 범위라도 요즘 수능에서 자주 출제되는 〈솔루션 코드〉들과 조금 다른 경향의 문제도 있지만, 《마더팅》에는 그런 문제는 없고 필요한 문제들만 잘 선별되어 있다.

🔳 문제집 자체에 범주화가 잘 되어있다.

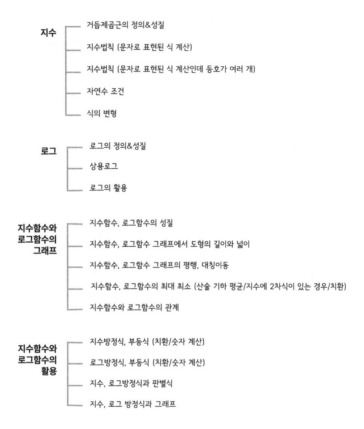

위의 내용은 《마더텅》에 나오는 지수, 로그 단원의 범주화 내용이다. 우리가 여태까지 범주화한 것처럼 《마더텅》에서도 기출에 대해 어느 정도의 범주화를 갖추었다. 자신이 짠 범주화와 똑같을 수는 없지만, 이를 참고하여 자신이 필요하다고 느끼는 부분에 적절히 끼워 넣어서 활용할 수 있다. 예를 들면 지수방정식, 부등식에서 치환할 때 범위가 생기는 경우와 생기지 않는 경우가 있다고 직접 문제를 풀면서 나눌 수 있다. 이런 부분이 편리하다.

※ 물론 꼭 《마더텅》이 아니어도 된다. 더 마음에 드는 문제집이 있거나, 지금 다 니는 학원에서 쓰던 기출문제집이 있다면 그걸로 공부해도 괜찮다.

3. 기출 회독을 몇 번 해야 하는가?

누군가는 기출을 10회독하면 100점을 맞을 수도 있다고 이야기한다. 누군 가는 10번을 풀어도 부족하다고 말한다. 또 다른 누군가는 2번만 해도 된다 고 한다. 기출 회독을 몇 번을 하면 좋은지를 두고 정말 많은 말들이 있지만 우리는 헷갈릴 필요가 전혀 없다.

〈일력 복습법〉의 [D-1, 2, 4, 7, 10, 14, 17, 21, 28, 30] 방식으로 복습을 제대로 했다면 《마더텅》은 '딱 한 번'만 혼자서 풀어 보는 것으로 충분하다. 왜냐하면 우리는 일력 복습법을 통해서 이미 기출문제를 10번 복습한 것이 나 다름이 없기 때문이다. 일력 복습법은 결코 눈으로 하는 복습이 아니라 손으로 직접 백지 위에 풀어내는 복습법이기에 더욱 그렇다.

그럼에도 《마더텅》을 푸는 이유는 까먹는 것을 방지하고 잘 숙지가 되었는 지 피드백하기 위해서일 뿐이다. 새로운 것을 많이 얻어가기 위함이 아니 다. 따라서 《마더텅》을 푸는 횟수는 테스트용 1회독만으로도 충분하다.

4. 기출을 혼자 푸는 상세한 과정

① 언제 푸는가?

《마더텅》을 푸는 시기는 '한 과목'의 '기출 인강'이 끝나고 난 후의 단계에 서 해야 한다. 수능의 모든 범위의 기출 인강이 전부 다 끝나고 나서 하지 말고 한 영역이 끝나는 즉시 바로 들어가야 한다. 즉 수1 기출 인강을 다 들 었다면, 수2 기출 인강을 듣는 동시에, 수1을 혼자서 푸는 과정을 병행해야 한다.

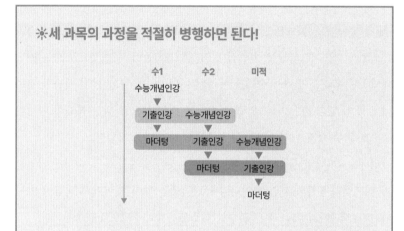

※세 과목의 과정을 적절히 병행하면 된다!

즉, 이런 식으로 수1(대수)의 기출인강을 들을 때쯤, 수2(미적분I)의 수능개념 인강을 동시에 듣고, 수2의 기출인강을 들을 때쯤 미적(미적분II)은 수능개념 인강을 듣는 식으로 맞물리게 병행하는 것이다! 이렇게 하지 않고 수1,수2, 미적의 기출개념을 전부 다 쫙 듣고 → 다시 수1부터 기출인강을 새로 시작 하려고 하면 그 때는 이미 수1의 내용을 많이 잊어먹었을 것이기 때문이다.

② 하루에 얼마나 푸는가?

《마더텅》에서 구분한 대로 하루에 하나의 DAY를 푸는 것이 좋다. 만약에 6월 모의평가나 9월 모의평가처럼 진도를 많이 나가야 해서 인강을 듣느라 마더텅을 많이 풀지 못한다면, 적어도 유형별로 끊어서 단위를 나눠놓자. 이미 비슷한 유형의 문제들이 나누어져 있으니 자신이 몇 개의 유형을 풀지만 생각하면 된다.

③ 한 문제를 풀 때마다 스톱워치를 사용할 것

한 문제를 풀 때마다 스톱워치로 얼마나 걸리는지 확인한다. 3점짜리라면 대략 1분 30초, 4점짜리라면 3분 30초 안에 최대한 정확하고 빠르게 푸는 연습을 해야 한다. 가끔 시간이 더 걸릴 때도 있겠지만, 최대한 시간을 지키려고 노력해야 한다. 일력 복습을 잘 해왔다면 충분히 가능한 시간일 것이다.

> **Q. 기출을 풀 때 이미 풀이를 아는 문제라서 의미 없다는 생각이 들어요.**
>
> 풀이가 모두 기억나는 문제도 당연히 봐야 한다. 그런데 여기서 아는 문제라고 해서 공부가 안되는 것은 아닌지는 걱정할 필요가 없다. 문제를 잘 기억한다면 오히려 공부를 잘했다는 증명이다. 그러니 아는 문제가 나오면 오히려 기분이 좋아야 한다. 우리는 단순히 답을 외운 것이 아니라 'A가 나오면 B를 시도한다'와 같은 풀이의 '솔루션 코드'를 외운 것이기 때문에, 아는 문제여도 한 번 더 코드를 적용해 볼 연습의 기회라고 여기면 된다. 아는 문제라고 해서 넘어가는 것이 아니라 아는 문제인 만큼 빠르고 정확하게 답을 내면 되는 것이다.

✎ 어려운 문제 대처법

아무리 복습을 잘했더라도 풀 때마다 여전히 어려운 문제들이 있다. 특히 시험의 형태가 지금과는 약간 달랐던 2018, 2019, 2020년도 수능의 30번과 29번 같은 어려운 문제들이 있다. 배웠어도 여전히 어려운 문제들을 만나면 '10분 동안' 어떻게 풀어야 하는지 고민하는 시간을 가져보자.

킬러문항 이슈 등으로 이제 더는 그 정도로 어려운 난도의 문제는 나오지 않을 것으로 생각한다. 그러나 실제 시험장에서는 긴장 상태이기에 실제로는 고난도의 문제가 아닌데도 불구하고, 유난히 어렵게 느껴지는 문제를 만날 수도 있다. 우리는 어려운 문제를 만났을 때 어떻게 '첫발'을 딛을지 판단하는 능력을 길러야 한다.

문제를 풀다가 막힌다고 해서, 손부터 바삐 움직이면서 아무 풀이나 마구잡이로 쓰지 말아야 한다. 대충 아무 방법이나 시도하면서, 어떻게든 얻어걸리면 좋겠다는 식으로 풀이를 설계하지 말라는 얘기이다. 그러다간 애꿎은 시간만 자꾸 흘러가서 출제자의 의도와 점점 더 멀어질 뿐이다. 우리는 반드시 '한 발짝 떨어져서' 조건을 관조하는 습관을 들여야 한다. **어떤 단원인지, 조건이 무엇인지, 내가 알고 있는 솔루션 코드가 몇 가지인지, 이런 조건이 나왔다면 그중에 어떤 코드를 적용하는 게 좋을지 고민하면서, 풀이의 방향성을 구상하는 연습을 해야 한다.**

실제로 대다수 수험생은 수능에서 풀이가 막히면 매우 당황해한다. '망했다'라는 생각에 압도되어 눈앞이 캄캄해지고 아무 전략도 생각이 나지 않는다. 나 역시 수능장에서 같은 경험을 했다. 그러나 나는 어떻게 대처해야 하는지 계획을 이미 세워놓았기 때문에, 당황스러움을 빠르게 진정시키고 나만의 방법으로 잘 풀어나갈 수 있었다. 이런 능력은 사실 나중에 모의고사를 어떻게 연습하느냐에 달려 있지만 일단 기출을 혼자 풀 때도 연습해 보자. 문제가 어렵다면 한 발짝 떨어져서 어떤 〈솔루션 코드〉를 써야 할지 차분히 판단해야 한다.

✎ 10분을 고민한 뒤 답지를 봐도 모르겠다면

10분을 고민했는데도 모르겠다면 답지를 봐도 된다. 그러나 만약 답지를 봤는데도 모르는 문제가 있다면, 이전에 들었던 기출 인강에서 해당 문제의 해설을 찾아서 다시 들어보자. 만약 그 문제가 몇 강에 있는지 모르겠다면 강의 게시판에 질문하면 된다. 몇 년도, 몇 번 문제의 해설이 어떤 강좌에 있냐고 물어보면 빠르게 답변이 올라온다. 강의를 다시 듣고 풀어보면 자신이 어디서 놓쳤는지 정확히 알 수 있다.

✎ 일력 노트 정리와 복습은 계속해서 이어가야 한다.

《마더텅》을 1회독하는 중 틀린 문제들과 헷갈렸던 문제, 까먹었던 부분들은 역시 그날 저녁 일력 노트에 적어 복습하도록 하자. 당연히 날짜에 맞춰 진행하던 일력 복습도 계속 이어가야 한다.

5. 여기까지 했다면

다시 한번 정리해 보자. 《마더텅》을 혼자서 풀고 있다는 뜻은

① <수능개념 인강>을 공통과목과 선택과목 모두 끝내고

② 각 과목의 기출 인강을 들었고

③ 기출 인강이 끝난 과목부터 《마더텅》을 풀고

④ 그와 동시에 기출 인강이 남은 과목은 인강을 듣고 있을 것이다.

⑤ 기출 개념 인강을 시작한 날부터 매일 "일력 노트"를 쓰고 "일력 공부

법"에 적힌 날짜대로 복습을 해왔을 것이다.

처음에는 힘들고 모르는 게 너무 많아서 중간에 포기하고 싶었을 때도 많았
겠지만 이제는 노트 쓰는 것도 익숙해지고 많은 부분도 암기가 되었을 것이
다. 저녁 시간 3시간 동안 매일 집중해서 복습하고 공부하리라고 믿는다.

지금까지 내가 알려준 대로 잘 따라왔다면 1등급을 맞을 실력은 이미 만들
어진 것과 다름없다. 설령 아직 모의고사 성적이 안 나온다고 하더라도 괜
찮다. 그건 아직 실력을 꺼내지 못했을 뿐이니까. 실력을 점수화하는 방법
은 뒤에서 자세하게 알려줄 테니 너무 걱정하지 마라.

* 이렇게 《마더텅》 1회독까지 다 끝낸 일정이 '7월 말'까지라면 베스트이지만 7월까지
지키기가 쉽지는 않을 것이다. '8월 말'까지는 끝내도록 하자.

"6월 모의평가는 어떻게 준비하나요?"

6월 모의평가는 수능을 내는 평가원에서 출제한 시험이기에 중요하다. 자신이 1월부터 얼마나 열심히 공부했는지 점검할 수 있는 하나의 척도가 되기도 하고, 5달 동안 열심히 공부했다면 좋은 성적을 받아 동기부여로 삼을 좋은 기회이기 때문이다.

6월이 되었어도 사실 대부분 학생은 수능개념 인강과 기출 인강을 듣고 있을 거다. 물론 주위를 둘러보면 몇몇은 응용문제 인강도 듣고, 학원 문제집 같이 슬슬 새로운 문제를 푸는 학생들도 더러 있다. 또 누군가는 6월 모의평가 대비를 한다고 하면서 각종 사설 모의고사를 풀기도 한다. 그러면 혹시 나만 뒤처졌나, 하고 불안해질 수도 있다. 그러나 괜한 걱정은 하지 말고 지금껏 공부하던 대로 계속하자.

나도 6월 모의평가가 가까워질 무렵에 수능개념 인강에서 수1, 수2는 다 들었지만 미적분은 6월 모의평가 범위까지밖에 못 들은 상태였고, 《마더텅》 기출을 풀고 있었다. 6월 모의평가 전까지 응용문제에 들어가지 못했던 것이다. 그러니 자신이 아직 개념 기출 인강과 기출 인강을 듣고 있다고 남들보다 느리다고 생각하지 말자. (나는 개념 인강을 완전히 끝내는 마무리는 6월 말까지만 해도 된다고 본다.) 중요한 건 수능에서 얼마나 좋은 성적을 받느냐지 6월 모의평가 성적이 아니다. 그러니 6월 모의평가를 앞두고 흔들리지 말고 하루하루 일력 공부법과 인강을 통해서 원래 공부하던 대로 하길 바란다.

우리는 '일력 공부법'으로 매일매일 3시간씩 복습했기 때문에 지금까지 해온 것들을 잘 기억하는지 중간 점검의 느낌으로 6월 모의평가를 사용하면 된다. 그런데 6월 모의평가가 코앞에 오면 원래 하던 방식의 공부가 손에 안 잡히고 안절부절못하게 될 확률이 높다.

6월 모의평가 4일 전에 해야 하는 일들을 순서대로 알려줄 테니 방황하지 말고 이렇게만 따라 하자. 수능 전에도 어떻게 행동해야 하는지 뒤에 모두 다 적어 놓았는데, 그보다 약간 더 간단하게 미리 체험해 본다고 생각하면 된다.

① 모의고사 3~4일 전부터는 아무것도 하지 않고 "일력 노트"만 복습한다.

그동안 잘 복습했다면 일력 노트에 써진 대부분 내용이 머릿속에 있을 것이다. 하지만 인간은 망각의 동물이고 우리는 인간이기 때문에 까먹은 내용이 분명히 있기 마련이다. 그런 부분은 한 장의 A4용지에 다 정리하자. 지금부터 그 A4용지의 이름을 〈정리본〉이라고 하고 부족한 부분들은 다시 책을 펼쳐서 보완하면서 〈정리본〉을 완성하자. **이 〈정리본〉은 무조건 A4용지 한 장을 넘겨서는 안 된다. 6월 모의평가 당일에 가져가는 것이기에 그보다 더 많이 들어가면 사용하기 힘들다는 점을 명심하고 주요 핵심만 정리하자.**

ⓐ 2일 전에 실전 감각을 위해서 모의고사를 하나 풀어본다.

모의고사를 미리 하나 풀어보는 이유는 시험의 전체적인 과정이 어떻게 되는지 익히기 위해서이다. **모의고사를 딱 1회분만 풀어보자.** 풀고 나서 채점한 뒤, 부족하다고 생각되는 부분은 일력 노트나 수능개념 인강에서 찾아서 보완하는 시간을 가지면서 마무리하자.

※ 절대 2회를 넘어가지 마라

6월 모의평가 전에 모의고사를 왕창 푸는 친구들이 간혹 있다. 그런데 이는 정말 필요 없는 행동이다. 어떻게 시험을 보는지 그 과정을 익히기 위해서 1회만 풀어보면 충분하다. 만약 자신이 정말 긴장이 많이 되어서 연습을 꼭 더 해보고 싶다면, 추가로 딱 1회분만 더 푸는 것으로 하자. 6월 모의평가 전에는 절대 모의고사를 보는 횟수가 2번을 넘어가서는 안 된다. 시간이 남는다면 모의고사를 더 푸는 것이 아니라 부족한 부분의 인강을 찾아 듣고 일력 노트를 한 번 더 보는 편이 훨씬 더 좋다.

어떤 모의고사를 풀까?

6월 모의평가가 가까워지면 유명 강사분들이
1회분 모의고사를 판매하기 시작한다. 그중에 골라서 풀면 된다.

❸ 6월 모의평가 바로 전날에는 절대 새로운 모의고사를 보지 말자.

수능 때도 마찬가지인데 시험 전날에는 절대 새로운 문제를 풀거나 인강을 듣지 말아야 한다. 지금까지 열심히 공부했다면 일력 노트에 수많은 내용이 있을 것이다. 지금까지 배운 내용을 틀리지 않는 게 가장 우선이다. 특히 시험 전날에는 그중에서도 실수했던 문제들을 꺼내서 복습하자.

시험은 100점에서 틀린 문제가 깎이면서 점수가 나오는 게 아니라, 0점에서 시작하여 맞힌 문제만큼 점수가 올라간다는 인식이 필요하다. 점수를 안전하게 쌓아 올리려면 새로운 문제를 맞히려는 노력보다, 내가 아는 문제는 무조건 맞힌다는 생각을 해야 한다.

9월 모의평가는 어떨까?

6월 모의평가도 중요하지만 이후에 치르게 될 9월 모의평가야말로 가장 중요한 시험이라고 말할 수 있겠다. 왜냐하면 모의평가 중 유일하게 '수능 범위 전체'가 나오는 시험이기 때문이다. 또한 6월 모의평가 때만 하더라도 늦게 시작한 반수생, 재수생들이 시험을 보지 않기도 하고, 그 때는 대부분 실력이 다 올라오지 않은 상태로 시험을 보게 된다. 하지만 9월에는 다르다. 거의 모든 학생들이 응시하는 데다가, 이제 실력을 많이 끌어올린 상태로 시험을 보게 된다. 그래서 6월 때 1등급이 나와서 느슨하게 공부한 학생들이 갑자기 9월에 3등급에 가까운 2등급으로 확 떨어지기도 한다.

6월 성적을 유지라도 하고 싶다면 여러분이 생각하는 것보다 더 많이 공부해야 유지가 된다는 걸 잊지 말자. 생각보다 N수생들은 절박하기 때문이다. 어려울 것 없다. 매일 규칙적으로 생활하고, 일력 복습법을 절대 놓지 말자. 그렇게 하면 9월에 너도 충분히 실력이 끌어올려진 상태에서 선방할 수 있을 것이다.

응용문제 마스터

응용문제를 풀어야 하는 이유

수능에서 좋은 성적을 받을 실력은 기출을 통해 만들어진다는 사실은 모두 잘 알고 있을 거다. 그런데 실력을 만들었다면 '어떻게 시험이 나오든지' 좋은 성적을 받게끔 실력 자체를 '다듬는' 과정이 꼭 필요하다. 나만 하더라도 재수 때까지 수능 만점자의 인터뷰와 여러 수학 선생님들의 말씀만 믿고 기출문제만 풀었었다. 하지만 좋은 성적은 얻지 못했다. 그리고 삼수 때에서야 비로소 깨달았다. 기출문제만으로 승부를 보겠다는 건 나의 자만이었다는 사실을 말이다. 대체 왜 그런 걸까?

 수능에는 아는 문제가 새로운 옷을 입고 나온다

수능에는 그동안 나온 기출문제들과 올해 6평, 9평에서 지시한 힌트들을 이용한 문제가 나온다. 그러나 수능장에서 출제된 문제를 실제로 어떻게 느끼는지는 또 다른 문제다. 우리는 수능장에서 크게 두 가지 유형의 문제가 있다고 느낀다.

① 우리가 외우고 있는 기출들에서 나온, 암기 point를 이용해서 풀면 쉽게 풀리는 문제들.

② 기출에 있었던 내용들 + 새로운 표현이 들어간 문제들.

이를 그림으로 표현해 보면 아래와 같다.

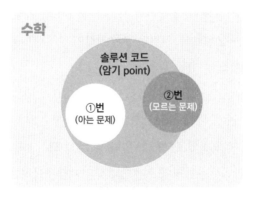

사실 수능 출제자들 입장에서 생각해 보면, 기출과 완전히 똑같다 싶을 정도로 비슷한 문제를 내고 싶지는 않을 것이다. 그래서 기출에 있는 코드로

풀리는 문제일지라도 표현을 약간 다르게 해서 다른 문제로 보이도록 만들어서 내는 것이다. ==어려운 문제일수록 실제로 〈솔루션 코드〉가 여러 개 사용되거나 잘 찾지 못하도록 다른 표현으로 숨겨놓는 경우가 많다.==

시험이 끝나고 문제를 분석해 보면, 모든 문제는 결국 기출에서 공부한 〈솔루션 코드〉에서 나왔을 뿐이라는 걸 알게 된다. 하지만 시험장에서는 극도로 긴장하기 때문에, 코드를 알고 있으면서도 약간 다르게 표현되었다는 사실을 눈치채지 못하는 것이다.

✒️ 실제 수능 때 있었던 이야기

수능 날 긴장이 되는 것은 너무나 자연스러운 현상이다. 자신의 의지대로 완벽하게 조절할 수 없다. 긴장하면 시야가 좁아지고, 어떻게 풀어야 할지 도무지 감이 잡히질 않는다. 그러다 결국 시간이 지체되어 못 풀게 된다. 분명 아는 문제임에도 말이다.

내가 무려 삼수 수능 때 실제로 겪었던 이야기를 해주겠다. 나는 1년 동안 수없이 많은 문제를 풀었고, 매일 〈일력 공부법〉으로 철저하게 복습했다. 그런데도 수능장에서는 나도 모르게 떨려서 시야가 좁아지는 걸 느꼈다. 평소대로라면 1시간 안에 모든 문제를 다 한 번씩 본 후, 못 푸는 문제가 3~4문제 정도 남아있어야 했다. 그런데 수능이라서 그런지 갑자기 전체 문제에서 8문제나 못 풀겠다는 느낌이 들었다. 그렇게 대비를 많이 했다고 생각했지만, 단 한 번도 겪어본 적이 없는 상황이었다. 식은땀이 나면서 이대로면 진짜 '폭망'이라는 아찔한 생각이 들었다. 간담이 서늘해진 나는 차라리 고민을 멈추고 세수를 하기로 했다. 그 순간에 판단한 게 아니라, '너무 당황하면 화장실을 가자'고 미리 정해놓은 행동이었다. 그렇게 나는 수능 시험 시간 도중 과감히 시험관에게 화장실에 다녀오겠다고 이야기했다. 감독관에게 뉴스에서나 보던 금속탐지기로 검문을 받은 후 나는 화장실에 가서 세수를 했다. 정말 실제 수능 시험 시간 도중이었다.

세수하면서 마음을 진정시키고 돌아와서 다시 문제를 보니, 다 아는 문제들이었다. 10분도 안 되는 시간에 남은 문제를 다 풀었고, 결과는 97점. 표준점수 145점과 백분위 99를 이뤄냈다. 물론 이렇게 할 수 있었던 건 내 실력에 대한 강한 확신과, 이미 다 알고 있는데 잠시 당황해서 문제들이 보이지 않을 뿐이라는 확실한 믿음이 있었기 때문이다. 또한 시험 도중 과감히 세수를 하기로 결정했던 건 수능 전에 많은 모의고사를 풀면서, 만약 실제 시험시간에 막히면 어떻게 할지, 행동 강령을 스스로 다 정해놓았기 때문이다.

응용문제를 통해 '새로운 느낌'을 경험하자

이처럼 수능시험 때는 시야가 좁아지고 실력 발휘를 제대로 할 수 없으므로, 수능 전에 미리 '새로운 느낌의 문제'들을 충분히 경험해 봐야 한다. 바로 '응용문제'를 통해서 말이다.

1등급을 받기에 기출만으로도 충분하다고 이야기하는 사람이 많다. 물론 머리가 어느 정도 좋은 경우라면 나 역시 기출만으로 1등급을 받기에 충분하다고 생각한다. **그러나 본인의 수학 머리가 평범하다고 생각하는 학생들은, 반드시 응용문제까지 풀기 바란다.** 기출 코드가 새로운 옷을 입고 나왔을 때도 알아보는 훈련이 필요하니까 말이다.

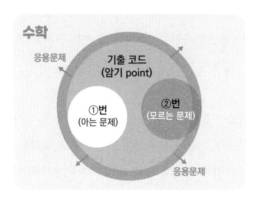

"응용문제까지 마치면 내가 편안하게 풀 수 있는 문제의 범위가 점점 넓어진다."

🖋 솔루션 코드 적용 연습을 시작하자

하지만 응용문제라고 해서 너무 겁먹을 필요는 없다. 이미 우리는 기출로 탄탄한 기준을 만들어 놓았기 때문이다. 이제 여러 응용문제를 풀면서, 그동안 열심히 복습한 〈솔루션 코드〉를 풀이에 적용하는 연습을 하면 된다. 새로 보는 응용문제로 열심히 연습하다 보면 새로운 표현의 문제도 결국은 똑같이 내가 알고 있는 문제라는 '믿음'이 생긴다. 지금부터 응용문제를 통해서 '내가 아는 문제'라고 느끼는 범위를 더욱 넓혀야 한다.

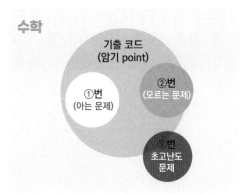

사실 우리의 최종 목표는 ③처럼 아예 생소한 표현의 문제, 남들도 처음 보는, 어렵고 정답률이 낮은 문제라도 당황하지 않고 풀 수 있는 경지까지 오르는 것이다. 연습하다 보면 이런 초고난도의 어려운 문제를 만났을 때도, '익숙한 부분'과 '익숙하지 않은 부분'을 나눠서 '이거 어디서 많이 봤는데, 어떤 문제랑 관련 있어서 이렇게 낸 것 같은데?'라는 생각으로 차근차근 단계를 거쳐서 문제를 풀게 될 것이다. (물론 그 단계까지 못 가더라도 1등급을 만드는 데는 지장이 없다.)

어떤 응용문제를 풀어야 할까?

✿ 응용문제 콘텐츠

첫 번째는 실전 모의고사이고

두 번째는 응용문제 인강이다.

 → 이 둘을 하나씩 하는 것이 아니라
동시에 병행하는 것이다.

먼저 실전 모의고사에 대한 방법부터 알려주겠다.

응용문제 STEP 1

실전 모의고사

✎ 어떤 모의고사를 풀어야 할까?

아무 모의고사나 이용하는 것이 아니라 검증된 모의고사를 푸는 것이 중요하다. 추천할 만한 콘텐츠는 대략 아래와 같다. 이 외에도 유명 강사의 모의고사라면 풀어도 좋다.

 추천할 만한 콘텐츠

1. 대성학원의 '강대 모의고사 K'
   → 이제 이름이 '강대 모의고사 X'로 바뀌었다.
2. 현우진, 한석원, 이창무 선생님 모의고사.

> ※ 난이도(개인차 있음)
> 한석원 < 현우진 < 이창무
>
> ※이창무 선생님의 문제는 계산이 좀 복잡할 수 있으니 유의하자.
> 요즘은 수능 계산이 너저분하게 나오기도 하니 미리 경험하는 용
> 으로 풀면 좋다.

3. 대성 'The Premium'

나는 현우진 선생님, 이창무 선생님, 한석원 선생님 모의고사도 모두 이용했고 모의고사 인강 역시 다른 인강들과 똑같이 꼼꼼하게 들었다. 이쯤 되면 이미 개념과 기출 공부를 탄탄히 하고 많은 부분을 이미 암기한 상태라 이제는 여러 풀이법을 보더라도 크게 흔들리지 않을 수 있다. 이에 더해 몇 가지 신유형의 문제들을 만나면서 실전 감각을 키울 수 있다. 더 프리미엄을 추천하는 이유는 문제의 퀄리티도 좋지만, 그보다 자신의 실력을 비교해 보기 위해서이다. 메가스터디, 대성 소속의 N수생들도 모두 시험을 보고 전체에 포함되기 때문에 남들과 자신의 실력을 비교할 수 있다. 그리고 모의고사와 관련된 책을 따로 줘서 자기가 틀린 문제가 있다면 그와 관련된 내용이나 문제들을 더 풀어보기에도 좋았다.

그런데 모의고사나 새로운 문제를 푸는 것보다 훨씬 더 중요한 게 있다. 바로 단권화한 노트의 내용을 모두 다 암기하고 직접 풀 수 있는지 점검하는 것이다. 이미 아는 내용만 완벽히 숙지한 후에 수능장에 가는 편이 모의고사나 새로운 문제집을 푸는 것보다 훨씬 더 좋은 성적을 얻을 수 있기 때문이다.

실전 모의고사 푸는 법

실전 모의고사에 대한 이해

모의고사는 문제집과 전혀 다르다. 일단 모든 사교육 선생님이 모의고사에 일반 문제집보다 더 좋은 문제를 넣으려고 노력한다. 그래서 문제의 질에서 도 차이가 나지만, 이 두 가지는 아예 만들어진 목적 자체가 다르다. 아래 표를 참고하자.

<문제집>	<모의고사>
① 비슷한 유형의 문제가 몰려있어서 특정 유형에 익숙해질 수 있고, 자신의 약점을 보완하기 좋다.	① 약점을 보완하기 위한 자료가 아니라 현재 자신의 약점이 무엇인지 찾기 위한 자료다.
② 문제를 푸는 시간이 따로 정해져 있지 않다.	② 문제를 푸는 시간이 정해져 있다.
③ 모든 시험 범위를 한 번에 볼 수 있는 자료가 아니다.	③ 모든 시험 범위를 한 번에 볼 수 있는 자료다.
④ 심화 문제가 수록되어 있다.	④ 너무 어려운 문제나 특이한 문제는 수록되지 않는다.
◆ 전체적인 수학 실력을 올릴 때 쓰는 도구	◆ 현재 자신의 실력이 어느 정도인지, 어떤 유형에서 시간이 오래 걸리고 어려워하는지 파악하는 도구

즉 문제집은 실력을 올리기 위해 쓰는 도구라면, 모의고사는 자신의 실력을 가늠해 보기 좋은 도구이다. 당연한 이야기 같겠지만 이 차이를 분명히 인식하고 공부해야 한다. 모의고사를 풀 때 이를 문제집처럼 생각하고 풀면 안 된다는 뜻이다. 이 둘은 아예 처음부터 다른 목적으로 만들어졌기 때문

에 우리가 활용할 때도 목적에 맞게 활용해야 한다.

실전 모의고사는 이름에서도 알 수 있듯이 실제 시험에 대비하기 위한 시험이고 수능 전 마지막 1~2달 동안 푸는 것이다. 평가원만큼 좋은 시험지는 못 만들겠지만, 사기업에서 만든 모의고사도 어떻게 활용하느냐에 따라서 얻어가는 것이 꽤 생긴다.

 우리는 모의고사를 통해 두 가지를 점검해야 한다.

> 1. 시험 범위 전체를 아우르기 때문에, 전체적으로
>   내가 어려워하는 유형 또는 개념이 있는지 점검한다.
> 2. 시험을 대하는 태도를 점검한다.

혼자서 복습할 때나 수업을 들을 때는 자신의 약점을 확인하기 어렵다. 하지만 긴장한 상태에서는 평소에 하지 않던 실수와 약점이 무더기로 튀어나올 수 있다. 안정적인 상태에서 문제를 풀 때와 비교해 보면 아예 다른 사람이 문제를 푸는 것처럼 느껴진다. 시험장에 들어가서 문제를 푸는 사람은 그렇게 '다른 나'이다. 모의고사를 통해 내가 긴장한 상태가 되면 어떤 부분을 실수하는지, 어떤 개념이 아직 익숙하지 않아서 응용을 못 하는지 등 내가 특별히 어느 부분이 부족한지를 확인해야 한다. 개인마다 긴장하면 실수하는 부분들이 모두 다르다. 나도 평소에는 하지 않는 계산 실수를 시험만 보면 긴장해서 많이 했었다.

여기서 중요한 것은 틀린 문제도 약점이지만, 어디에서 계산 실수를 했는지, 어떤 지문을 잘 못 읽는지 등 시험 과정 전반의 모든 취약했던 부분이 자신의 약점이라고 인식해야 한다는 점이다. 전체적인 시험을 운영하는 것도 실력이다. 시험은 전체적인 흐름이 주요한 변수로 작용한다. 실력이 부족한 것과는 별개로 저런 행동 습관이나 실수로 인해 흐름이 끊길 수도 있다. 그러면 1년 동안 피땀으로 만들어온 내 실력을 온전히 발휘할 수 없게 된다. **실전 모의고사를 풀 때 진짜 실전처럼 푸는 연습이 중요한 이유다.**

🖋 구체적인 모의고사 공부법

이제 모의고사를 '시험을 보는 중'과 '본 후'로 나눠서 어떻게 활용할 수 있는지 알아보자. 참고로 이 방법은 6월, 9월 모의평가처럼 국어, 수학, 영어, 탐구의 시험뿐만 아니라 혼자 모의고사를 풀 때도 적용하기 좋은 방법으로, 제대로 따라 한다면 2달 뒤에는 그동안 발목을 잡고 있던 많은 약점이 사라졌음을 확인하게 된다.

모의고사를 보는 도중

① 모의고사를 원래 시험 시간보다 5분 적게 시간을 잡고 푼다.

시험장에 가면 실제 주어진 시간보다 시간이 더 빠르게 흐른다고 느낀다. 이를 대비해 연습할 때도 5분 정도 시간을 짧게 잡고 풀어 보자. 시간이 부족한 것을 인지하면 집중력이 올라갈 것이다. 또한 마킹 연습도 시험의 일부라고 생각하고 모의고사에서도 무조건 병행해야 한다. 시간 안에 마킹까지 끝내도록 연습하자.

② 시험을 보기 전에 시험을 푸는 순서와 방식 등 모든 규칙을 정한다.

① 문제 푸는 순서

가장 쉬운 문제부터 모두 풀고, 그다음에 어려운 문제를 하나하나 푸는 방식으로 전략을 잡아야 편하다. 시험은 0점에서 시작해서 점수를 쌓아가는 것이다. 맞힐 수 있는 문제를 먼저 맞히고 얻을 수 있는 모든 점수를 일단 먼저 얻는 게 중요하다.

> **Tip**
>
> 수능수학은 보통 1~10번, 16~20번, 그리고 23~27번까지는 무난하게 풀 수 있다. 최대한 빠르게 쉬운 문제부터 모두 해결하고 나서 11~14번, 21번, 28~29번을 풀고, 마지막으로 가장 어려운 문제를 푸는 편이 좋다. 보통 가장 어려운 문제들은 15번, 22번, 30번에 나온다.

② 어려운 문제를 만났을 때 행동 강령

쉬운 문제라도 문제를 잘못 읽거나 착각하는 경우가 종종 있다. 만약 2분 정도 풀었는데도 아예 방향성이 보이지 않는다고 판단되는 문제들이 있으면 바로 넘어가라. 일단 다른 쉬운 문제들을 모두 본 후에 다시 돌아와서 풀면 된다. 이 전략이 가장 안전하다.

> 나 또한 실제 수능수학 시험에서, 쉬운 문제지만 답이나 방향이 보이지 않으면 지체하지 않고 바로 넘어갔다. 물론 내 목표는 '100점'이었기에 모든 문제를 맞혀야 한다는 부담감 때문에 당황하기가 쉬웠다. 하지만 모의고사를 풀면서 그런 상황을 미리 많이 경험해 봄으로써 당황하지 않는 연습을 했다. 한 번에 못 푸는 문제가 많이 쌓이더라도 당황하지 말자. 지금까지 내가 공부해 온 것을 믿고 당황해하지만 않으면 쉽게 풀 수 있다. 모의고사를 풀면서 시험시간에 풀 순서와 그 과정을 미리 몸에 배게 만들어서 멘탈을 키워야 한다.

③ 시계를 보는 것도 미리 규칙을 정해놓자

이게 무슨 말인가 싶을 텐데 수능수학 시험을 예로 들어보겠다. 상대적으로 쉬운 문제에 속하는 1~10번까지, 16~20번까지, 23~27번까지를 풀고 나서 시계를 한 번 보고, 11~14번, 21번, 28~29번을 풀고 나서 또 한 번 시계를 보는 것이다. 이렇게 딱 두 번만 시계를 보고, 내가 생각한 대로 시험의 흐름이 흘러가고 있는지를 판단하는 것이다.

만약 조금 빠르다면 앞부분에서 계산 실수를 했을 가능성을 염두에 두고, 조금 느리다면 뒤에서 더욱 집중해서 풀어야 한다. 이렇게 두 부분 모두 파악하면서 페이스를 조절해야 한다.

이렇게 하는 이유는 수시로 시간을 확인하느라 집중력이 흐트러지는 것을 방지하기 위해서다. 나는 임의로 시계 보는 횟수를 2번으로 정했지만, 혹시나 횟수를 늘리고 싶다면 자신의 페이스에 맞게 정해보자. 네가 보게 될 수능 시험 시간에는, 시계를 보는 사소한 행동까지 미리 다 계산하고 계획해야 한다는 점을 꼭 기억하길 바란다.

모의고사를 보고 난 후

모의고사를 봤으면 분석과 피드백을 해야 한다. 그런데 이 분석을 하는 것 자체가 엄청 힘들고 시간도 많이 필요하다. 그러므로 모의고사를 본 당일에는 다른 응용문제를 풀려고 하지 말고, 시험을 치며 깨달은 것을 분석하고 보완해야 한다. 이 작업은 그날 하는 게 가장 좋지만, 만약 전 과목 모의고사를 봤다면 그다음 날까지 부족한 부분을 보완하자. 물론 〈일력 노트〉 복습 또한 기본 루틴이므로 잊지 않길 바란다.

학교에서 내신을 볼 때도 똑같지만, 모의고사를 보고 나서 보통은 친구끼리 모여 난도가 너무 어려웠다거나 쉬웠다 등을 얘기하며 서로 답을 맞춰본다. 정식 모의고사가 아니라 스스로 실모를 풀어보고 나서도 '어떤 모의고사가 쉽네, 어렵네' 하며 서로 떠들면서 시간을 보낸다. 혼자 들뜨거나 좌절하면서 점수에 일희일비하는 학생들도 많다. 하지만 우리는 1등급을 맞을 사람들이기 때문에 그들과는 좀 다르게 행동하길 바란다.

① 모의고사를 다 풀고 채점을 하기 전에, 먼저 모의고사의 첫 페이지인 표지의 뒷면을 펼친다.

첫 페이지의 표지 뒷면은 대부분 백지다. 이 부분을 펼쳐 놓자. (만약 백지가 아니라면 A4용지 한 장만 준비해서 아래의 내용을 정확히 따라 하자.)

② 이 백지에 모의고사를 어떻게 봤는지 모두 복기해서 적는다.

포인트는 단순히 문제에 대한 풀이가 아니라 시험 상황에 대한 모든 것을 적는 것이다. 세세한 부분까지 놓치지 않고 다 적어 보는 거다. 그러면 아마 다음과 같은 여러 이야깃거리가 있을 것이다.

> 어떤 순서로 문제를 풀었고,
> 어떤 문제에서 막혀서 언제쯤 다시 돌아왔으며,
> 각 문제를 어떤 개념을 이용해서 풀었는지.
> 생각보다 시간이 오래 걸린 문제는 어떤 문제고,
> 계산을 오랫동안 한 문제는 어떠했는지.
> 갑자기 화장실이 가고 싶었다면 어떻게 대처했으며,
> 샤프가 안 나왔을 때는 어떻게 했는지,
> 시험지를 풀다가 공간이 부족해서 어떻게 했는지.
> 잡생각이 들었다거나 OMR 마킹에서 실수했다 등등.

이렇게 하면 모의고사 시험 한 번으로 정말 많은 것을 점검할 수 있다. 이 중에 어떤 부분으로 인해 수능시험에서 변수가 생길지도 모르니 미리 모든 경우의 수를 예상해서 대비책을 마련해야 한다.

> ※정리하고 난 후에도 이 복기한 종이는 절대 버리면 안 된다. 모의고사를 볼 때마다 하나하나 차곡차곡 다 모아 놓자. 다음 모의고사를 보기 전날, 과목마다 내가 저번에 어떤 부분에서 실수했고 어떻게 행동해야 하는지, 나를 프로파일링한 너무나 소중한 종이니까 말이다. 누구도 나 대신에 이걸 해줄 수 없다. 오직 나만이 이걸 할 수 있다.

③ 모두 복기했다면 이제 문제마다 어떤 문제가 틀릴 가능성이 있는지, 내가 예상한 점수는 몇 점인지 적는다. (핵심은 이 모든 과정을 채점하기 전에 해야만 한다는 것이다.)

왜 채점하기 전에 해야 하는 걸까? 점수나 답을 알고 나면 인간은 '확증 편향'이라는 기제로 인해 '앞으로는 그러지 말아야지.', '그냥 실수였을 뿐이야.' 하면서 실제로는 잘 모르고 헷갈렸던 내용인데도 그냥 단순한 실수로 치부해 버리는 경향이 있기 때문이다. 그래서 모의고사를 채점하기 전에 자신이 어떤 생각을 했는지, 무엇 때문에 잠시 흐름에 방해를 받았는지 까먹기 전에 최대한 빠르게 기술해야 하는 것이다.

채점하기 전에 천천히 다시 한번 문제들을 하나씩 살펴보자. 시험 시간에 못 푼 문제라면 조금 여유 있는 상태에서는 풀 수 있는 문제였는지 아니면 정말로 모르는 개념이 있어서 처음부터 풀 수 없는 문제였는지를 판단해 본다. 풀 수 있는지 없는지는 자신이 가장 정확하게 안다. 어려움 없이 풀었던 문제들은 내가 어떤 개념을 썼는지 다시 확인해 보고, 풀지 못한 문제는 왜 풀지 못했는지, 개념은 알고 있었는지, 정말 확실하게 모든 걸 알고 푼 건지, 아니면 그냥 찍은 건지, 애매하게 풀었는지 등 한 번 더 분류하는 과정이 꼭 필요하다.

④ 자신이 시험을 어떻게 봤는지 전부 복기했다면 이제 채점한다.

자신이 생각한 점수와는 얼마나 차이가 있는지 살펴보자. 예상보다 잘 봤다면 자신감이 없다는 뜻이니 앞으로는 더 자신을 믿으면서 문제를 풀자. 만약 예상보다 못 봤다면 예상하지 못했던 그 부분이 정확히 무엇인가를 확인해야 한다.

실력이 오르면 오를수록 점점 자신이 예상한 점수와 실제 점수의 차이가 줄어들고 자신의 실력을 객관적으로 평가할 수 있게 되면서 예상한 점수와 실제 점수의 차이가 크지 않게 된다.

⑤ 이렇게 복기한 내용을 표지 뒷면에 썼다면, 그날 저녁 일력 노트에 다시 한 번 정리한다.

시험지 표지 뒷면에 모의고사 시험 상황과 자신의 실전 대처법 위주로 정리했다면, 일력 노트에는 문제 풀이 분석 위주로 정리하는 것이다. 틀린 문제는 왜 틀렸는지 반드시 확인하고, 맞힌 문제 중 시간이 오래 걸린 문제가 있다면 더 좋은 풀이는 없었는지 고민해 보자. 범주화 솔루션 코드에 이 문제를 더 추가해야 하는지 살펴보면서 정비한다. 더 중요하다고 생각되는 문제는 외워버리는 것도 좋다.

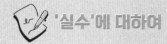 **'실수'에 대하여**

의대 입시를 성공적으로 이루어냈던 해, 내 목표는 수학 100점이었고 실제 수능에서 원점수 97점을 받았다. 97점을 받았다는 의미는 '3점짜리' 문제 하나를 틀렸다는 뜻이다. 그 많은 어려운 문제를 다 맞혀놓고 겨우 3점짜리 쉬운 문제에서 실수하다니, 참 어이가 없는 일이었다. 내 사례만 보더라도 알겠지만, 나같이 열심히 한 학생도 시험 때 이런 실수를 한다. 100점을 못 받은 것이 아쉽긴 하지만 달리 생각해 보면, 여태까지 수많은 실수를 잡고 또 잡아냈기에 천만다행으로 1개만 실수했다고 본다.

내가 실수하는 부분을 나 대신 잡아줄 사람은 세상에 아무도 없다. 자신이 직접 진단하고 고쳐야만 한다. 신기하게도 나는 모의고사를 봤을 때 실수하는 부분과 모의고사가 아닌 문제를 풀 때 실수하는 부분이 전혀 달랐다. 예를 들어 연습할 때는 등차수열의 합 공식을 이용하여 계산하며 틀리는 경우가 없었지만, 모의고사에서는 빨리 풀어야 한다는 압박감에 빈번하게 계산이 틀리는 것을 발견했다. 고질적인 문제였다. 이를 인지하고 난 다음부터는 모의고사를 볼 때 항상 등차수열의 합이 나올 때마다 한 번 더 확인하고 넘어가서 실수를 줄였다. 이렇게 사람은 늘 실수하던 부분에서 실수하는 법이니, 내가 어떤 실수를 하는지 미리 알아내서 방지하는 것이 중요하다.

나는 실수했던 부분을 단권화 노트에 써서 암기하는 것은 물론, 시험이 가까워질 때쯤 실수 모음을 최종적으로 정리해서 시험 보기 전날에도 한 번 보고, 모의고사 당일 아침과 쉬는 시간에도 봤다. 노력한 것들이 절대 실수로 날아가지 않게, 파이널 시기부터는 실수 자체가 없도록 유의해야 한다.

내가 한 실수는 아무도 책임져 주지 않으며, 한 해에 수능을 두 번 볼 수 없다는 사실을 기억하라. 후회 없는 마지막 수능을 치를 수 있도록, 고질적인 실수를 최대한 잡아내자.

✿ 모의고사는 일주일에 2번 이상 보지 말 것

수능이 다가올수록, 실제 시험이 다가올수록 점점 모의고사를 보는 횟수가 늘어나기 마련이다. 하지만 모의고사를 푸는 횟수는 절대 일주일에 두 번을 넘기지 않도록 해야 한다. 일주일에 딱 두 번까지만 모의고사를 보는 이유는, 혼자서 모의고사를 보는 중이더라도 실제로 수능이라고 생각하고 긴장감을 가져야 하기 때문이다. 모의고사를 문제집처럼 계속해서 푸는 건 무의미하다. 평일에 한 번, 주말에 한 번으로 횟수를 정해놓고 그중에 하루는 실제 수능 시간표에 맞춰 전 과목을 시험 치길 바란다.

월	화	수	목	금	토	일
	수학 시험				전 과목 시험	

수능을 잘 보기 위해서는 그 해의 6월 모의평가와 9월 모의평가에 대한 정확한 이해가 필요하다. 알다시피 6모와 9모는 수능을 출제하는 기관인 평가원에서 출제하는 시험이다. 평가원에게는 당해 학생 수준에 대한 정보를 얻는 도구이며, 또 수험생에게는 올해 수능에 나올 출제 방식을 미리 경험해 볼 수 있는 기회이기도 하다.

평가원은 수능에서 절대 갑작스러운 모험을 하지 않는다. 아무런 예고도 없이 수능에서 신유형을 내면 정답률이 수직 하락하는 동시에 그 한 문제 때문에 수능 전체의 흐름이 깨져서 제대로 수험생의 수준을 변별할 수 없게 된다. 그래서 신유형이 나올 때는 수능 전 6월, 9월 모의평가에 먼저 출제함으로써 반드시 예고한다. 또 몇몇 문제는 기존 난이도에서 조금 변형되거나 실험적인 문제를 내기도 한다.

즉 6모와 9모는 수능의 방향성을 보여 주는 그야말로 아주 좋은 지표이다. 예를 들어 6월 모의평가에서 예상보다 계산이 너저분한 문제가 많으면 그해 수능에서도 그런 문제가 나올 가능성이 크다. 계산식이 깔끔하지 않더라도 끝까지 밀고 나가서 답을 내는 학생이 좋은 성적을 받을 수 있다는 걸 미리 보여 주는 것이다.

또 2024년도에는 의대 정원이 갑자기 늘어서, 서울대 1학년 중 상당수가 의대를 가기 위해 휴학을 결정했다. 이런 일이 생기면 평가원에서도 변화

6월 평가원 시험 복기를 한 후 정리해서 〈데일리 노트〉에 적었다. 그날의 컨디션, 아침에는 뭘했는지, 화장실은 갔는지, 시험 도중에 8번, 15번, 23번에서 막혔는데 왜 막혔는지, 예상 점수와 실제 점수는 몇 점 차이인지 모두 적었다. 다음 모의고사 전날 저녁에 내가 어떤 부분에서 실수했는지를 보기 위해서 이렇게 정리했다. 이렇게 하니 복습할 때도, 다음 모의고사를 준비할 때도 도움이 많이 되었다.

를 인식해 올해 응시하는 최상위권 학생 수가 작년보다 많다고 생각하고 6모, 9모에 새로운 문제를 많이 내기도 한다. 혹은 6월 모의평가가 조금 어려웠다면 9월 모의평가를 조금 쉽게 낸 후에 학생들의 등급과 반응을 보기도 한다.

이렇게 6모, 9모에는 출제 지표가 반영된다는 사실 외에 또 다른 중요한 점이 있다. 바로 이 6모, 9모의 해설 강의를 잘 이용하면 공부에 큰 도움이 된다는 사실이다.

6월과 9월 모의평가가 매우 중요하기 때문에 학원에서도 아주 꼼꼼히 분석한다. 실제로 6월, 9월 모의평가 해설 강의를 보면 강사들이 정말 최선을 다해서 찍는다는 것을 알 수 있다. 자신의 수강생이 지금까지 배운 걸 제대로 공부했다면 이런 공식들, 조건들을 보고 쉬운 방법으로 쉽게 풀수 있어야 한다는 것을 증명하기 위해서다. 또한 6월, 9월 해설 강의는 좋은 홍보 기회이기 때문에 자신의 수강생 이외의 학생들이 보더라도 잘 이해할 수 있게 해설한다. 6모와 9모의 결과에 따라 수강생들이 선생님을 바꾸는 경우가 많기 때문이다. 그렇기에 많은 선생님이 새로운 수강생 유입을 기대하며 지금까지 자신이 가르쳤던 내용 중 '정수'만을 골라 최대한 쉽고 정확하게 가르친다.

그러니 한 선생님의 해설만 듣지 말고 여러 선생님의 6, 9월 모의평가 해설 강의를 다양하게 들어보길 추천한다. 분량은 짧지만, 그 어떤 인터넷 강의보다 강력한 효과를 얻을 수 있을 것이다. 강의 정수만을 담았기에 모든 강의를 압축해서 듣는 것 같은 강한 임팩트가 있기 때문이다.

여러 선생님의 해설 강의를 비교해 보면, 같은 문제인데도 풀이가 아예 다른 것을 볼 수 있다. 13, 14, 15, 21, 22, 29, 30번처럼 어려운 문제들은 선생님마다 접근하는 방식이 미묘하게 다르다. 바로 이런 부분을 알아채고 이용할 수 있어야 한다. 한 문제를 푸는 다양한 접근법을 배워두는 것이다. 6월, 9월에 나온 방향성대로 수능이 출제될 수 있기에 여러 접근법을 미리 알아둬야 한다. 익숙한 한 가지 방법만 알고 있다가는 실전에서 그 방법이 안 먹힐 수도 있기 때문이다. 해당 방법으로는 잘 해결되지 않을 때 다른 카드를 꺼낼 수 있어야 한다. 수능 날까지 내 주머니 속에 최대한 여러 장의 카드가 준비되어 있어야 한다. 이러한 이유로 나는 1년 동안 인강 선생님을 바꾸지는 않았지만, 해설 강의와 보충 자료는 여러 선생님의 것을 두루 이용했다. 그것도 무료로 말이다.

시험을 잘 못 봤다고 해서 자신이 아닌 선생님에게 책임 전가를 하는 일은 하수나 하는 짓이다. 성적이 어떻게 나왔든, 일희일비하지 말고 차라리 그 시간에 모의고사 해설 강의를 집요하게 파헤치고 이용해서 실력을 업그레이드하는 데 집중하자.

물론 이렇게 말하더라도 이미 선생님을 바꾸기로 결정을 내린 학생도 있을 것이다. 만약 바꾸고 싶다면 6모, 9모가 끝나고 나서 바꾸는 게 가장 좋은 타이밍이긴 하다. 결정은 자신이 하자. 그러나 바꾸기 전에 명심하길 바란다.

인간은 자신이 가지지 못한 것에 대한 환상이 있고

익숙해져서 소중함을 잘 까먹는다.

나는 성적이 나왔을 때는 모든 게 나의 덕이라고 생각했고 성적이 안 나왔을 때 나는 아무 잘못이 없다고 생각했다.

안타깝게도 이것이 내가 재수에 실패했던 이유다.

인강은 취미로 골라 담는 쇼핑카트가 아니다.

수능은 지금까지 차곡차곡 쌓아 올린 것을 총체적으로 평가받는 자리이기 때문에 신중하게 움직이길 바란다.

지금 듣는 선생님이 누군가에게는 100점을 선물한 강사일 것이다.

응용문제 STEP 2

응용문제 인강

모의고사를 풀고 피드백까지 마쳤는가? 나는 실모를 주 2회 이상 풀지 말라고 이야기했다. 그렇다면 나머지 5일은 어떻게 해야 할까? 바로 이때 추가 응용문제와 일력 복습을 이어 나가야 한다. 예를 들어 화요일, 토요일을 모의고사 보는 날로 정했다고 하자. 그렇다면 9월, 일주일의 계획은 아래와 같다.

월	화	수	목	금	토	일
응용문제	모의고사 (수학)	응용/보충	응용문제	응용문제	모의고사 (전 과목) *OMR 포함	응용/보충

※ "일력 노트" 자기 전 3시간 동안 무조건 복습하기

✎ 어떤 추가 응용문제집을 풀까?

먼저 주의할 점을 이야기하겠다. 모의고사와 마찬가지로, 응용문제를 풀어야 한다고 해서 무조건 서점으로 달려가서 아무 문제집이나 사서는 안 된다. 검증되지 않은 콘텐츠를 함부로 풀면 시간 낭비일 뿐만 아니라 외운 코드마저 흔들리게 되고 실력도 꼬이기 때문이다.

어떤 수능 만점자들은 교과서로만 공부했다고 이야기하기도 한다. 그러나 나는 다양한 사교육을 했던 사람으로서 좀 더 현실적인 얘기를 들려주고 싶다. 강남 유명 학원에서는 실제로 수업을 듣는 학생에게 매주 정제된 문제 키트를 나눠준다. 그렇게 양질의 콘텐츠를 입에 넣듯이 편하게 받아보면 좋겠지만, 강남에 있는 학원에 다니지 못하는 학생이라고 해서 이런 좋은 콘텐츠를 누릴 수 없는 건 아니다. 지금은 어디에 살든 강남 학원들에서 유통되는 양질의 콘텐츠를 이용할 수 있는 시대이니 말이다.

서점에 가서 좋은 수학 응용문제집을 직접 찾는 것은 어려운 일이다. 아주 잘 만들었다고 소문이 난 그런 문제집이 있다면 서점에서 사도 되겠지만, 그게 아니라면 반드시 유명 대형 학원(시대인재, 메가스터디, 대성)에서 펴낸 인강 강사의 책을 사길 바란다.

교재를 구매하고, 인강도 듣는 것이 좋다. 평가원만큼의 좋은 문제는 아니어도 이런 책은 입시의 최전선에서 경쟁하는 유명 콘텐츠여서, 만약 콘텐츠 품질이 안 좋으면 수험생에게 바로 비판을 받기 때문에 믿을 만하다. 또 시중의 일반 문제집보다 6모나 9모 같은 변화에 대한 피드백을 훨씬 빨리 반영해서 제작하고, 실제로 학원에 다니는 많은 학생이 바로바로 피드백하기에 검증도 빠르게 이루어진다. 또한 모르는 문제는 바로 인터넷 강의를 듣거나 게시판에 질문하기가 매우 편리하다는 장점이 있다.

응용문제 추천 콘텐츠

어떤 것이든 본인이 선호하는 유명 강사의 것을 이용하라.
아래는 개인의 취향이 반영된 추천 콘텐츠이니 충분히 고민해 보고 결정하길
바란다.

①한석원(4의 규칙)
②배성민(드리블)
③현우진(드릴)
④양승진(4점코드)
⑤이창무(문제해결전략)

❈ 난이도(개인차 있음)

한석원, 배성민 < 현우진, 양승진 < 이창무

위 콘텐츠를 다 풀라는 것은 아니다. 물론 나처럼 원점수 100점을 맞고 의대
를 가는 것을 목표로 한다면 많이 풀면 풀수록 좋다. 그러나 일반적인 1등급
을 목표로 한다면 이 중 한 가지만 풀어도 충분하고, 만약 시간이 남는다면
부족한 영역만 한 권 정도 더 풀어보자. (ex. '미적분은 조금 계산이 너저분하고
어려울 경우를 가정해서 이창무T의 <문제해결전략>까지 듣자'와 같이 본인에게 맞는
전략을 세워라.)

✎ 응용문제 인강도 들어야 하나?

파이널 시기가 되면 혼자서 정리해야 하니 인강을 멀리하라고 조언하는 사람이 많다. 물론 맞는 말이기도 하다. 그러나 수학에는 해당하지 않는다. 수학은 계속해서 '스승'이 필요한 과목이다. 본인이 느끼기에 어느 정도의 수준에 도달했다고 해서, 자신만의 풀이에 갇혀있기만 해서는 안 된다. 혼자 풀어서 맞힐 수 있는지 없는지 확인하는 것에서 그치지 않고 계속해서 더 나은 풀이가 있는지 확인하고 보완하는 작업이 필요하다. 그래서 나는 끝까지 인강을 잘 활용하는 것을 추천한다. (어차피 인강 교재를 샀기 때문에 해당 강의를 바로 들을 수 있을 거다.)

인강을 듣는 방식은 동일하다. 선생님이 설명하기 전에 타이머를 이용해서 내가 스스로 문제를 푸는 데 얼마나 걸리는지 확인하고, 선생님의 풀이와 내 풀이를 비교해서 놓친 부분이나 보완이 필요한 부분을 확인해 본다.

단 이때 듣는 인강은 예전에 듣는 인강과 완전히 똑같은 방식은 아니다. 이쯤 되면 풀이 방향을 점검하는 단계라서, 배속으로 들어도 된다. 또 완전히 감을 잡은 문제는 풀이를 끝까지 보지 않고 넘겨도 된다. 전체적으로 나의 방향성을 점검하는 정도로만 참고해도 충분하다. 마지막 일주일이 남기 전까지만 인강을 들으며 보강하자. (마지막 일주일부터는 혼자서 정리할 게 많기 때문에 인강을 듣지 않는 편이 좋다.)

✎ 어떤 응용문제 문제집/강의를 얼마나 들어야 할까?

1 응용문제는 처음부터 어떤 문제집들을 모두 풀겠다고 각오하기보다 자신의 진행 상황을 지켜보면서 응용문제와 모의고사의 양을 조절해야 한다.

일단 자신이 지금까지 '수능개념 인강'이나 '기출 인강'을 들은 선생님의 응용문제 강의 한 가지는 듣길 바란다. 예를 들어 현우진 선생님의 강의를 들었다면 현우진 선생님의 응용문제 인강을 이용하면 된다. 그 외 만약 추가로 한 권을 더 풀고 싶다면 그때는 인강을 듣지 않고 책만 풀어도 된다.

2 만약 풀리는 문제보다 풀리지 않는 문제가 더 많다면 풀기를 중단하고, 난이도를 한 단계 낮춰도 좋다.

난도가 높은 문제를 푼다고 해서 내 실력이 오르는 것이 아니다. 나에게 가장 적합한 난도는 문제를 풀면서 막히더라도 고민하면 답을 구할 수 있는 수준이어야 한다.

점수는 기출을 통해서 배운 [솔루션 코드] 중에서 어떤 걸 사용해야 할지 고민하는 연습과 그렇게 답을 내는 경험을 통해서 오른다. 본인 실력에 적정한 난도로 차근차근 올려야 한다. 그렇지 않고 처음부터 지나치게 어려운 문제부터 덤비면 오히려 혼란스럽고 독이 된다. 따라서 옆에 있는 친구가 어려운 문제를 푼다고 해서 흔들리지 말고 적정 난도의 문제를 풀기를 바란다.

※ 예를 들어 개인적으로 내가 느낀 응용문제의 난이도는 [한석원, 배성민 < 현우진, 양승진 < 이창무] 순서였다. 이를 참고해서 난이도를 선택하자. 만약 자신이 선택한 응용문제가 너무 쉽다고 느껴진다면 빨리 풀어버리고, 바로 한 단계 더 어려운 문제를 추천한다.

3 또한 응용문제 3권(각 과목별 1권)을 동시에 사서 풀지 말고 본인이 가장 자신이 없는 과목부터 응용문제 문제집을 먼저 풀어본 후에 한 권씩 한 권씩 차례로 두고 풀자.

※ 만약 3권을 모두 끝낸 시기가 10월 초라면 다른 응용문제를 풀되 세 과목 중에서 가장 못하는 과목 1권만 풀 생각을 하자.

4 모든 응용문제는 10월 말까지 마무리하자.

11월이 되면 수능이 2주 정도 남기 때문에 그때부터는 다른 방법으로 공부해야 한다.

5 명심하자. 제대로 기출이 되어있지 않다면 아무리 많은 문제를 풀어도 의미가 없다는 사실을.

그래서 나는 응용문제를 풀면서 단 하루도 "일력 노트"를 놓은 적은 없었다. 잠들기 전 3시간은 무조건 노트를 정리하고 복습하는 루틴으로, 이미 습관이 잡혀있어야 한다. 다시 한번 강조한다. 기출만 봐서 100점을 맞은 학생은 있어도, 기출을 안 보고 응용문제만 봐서 100점을 맞은 학생은 없을 것이다.

6 응용문제집을 풀다가 본인의 부족함이 느껴지면 거기서 멈춰라.

만약 응용문제를 푸는데 스스로 기출과 개념이 제대로 연결되지 않고 둥둥 떠다니는 느낌이 든다면, 거기서 멈추고 기출로 돌아가야 한다. 그 상태로 더 이상 새로운 문제를 푸는 건 아무 의미가 없다. 기출로 다져진 명확한 기준이 없이 응용문제를 푸는 건, 그냥 문제 쇼핑을 하면서 시간을 낭비하는 것일 뿐이다.

실제로 많은 학생이 6월, 9월 모의평가 평가가 지났는데도 아직 개념 정리가 되지 않은 모습을 보일 때가 많다. 그런데도 지금 기출문제를 보고 개념을 다시 보면 뒤처지는 듯한 기분 탓에 무턱대고 새로운 문제만 푼다. 솔직히 말하자면 이런 친구들은 1년 동안 공부를 잘못한 것이다. 많이 늦은 감이 있지만, 방법은 있다. <u>10월이어도 기본으로 돌아가서 지금까지 써놓은 "일력 노트"를 세세하게 복습하는 것이다. 그것이 지금 상황에서 최선의 결과를 얻는 유일한 방법이다.</u>

반대로 앞의 기출 단계를 잘해놓은 학생들은 응용문제를 풀면서 자신의 실력이 많이 늘었다는 걸 체감할 것이다. 그전에는 '이렇게 풀면 되지 않을까?'라는 생각으로 문제를 풀었다면 이제는 '이렇게 풀면 되겠네!'라는 확신으로 자신감도 향상된 것을 느낄 거다. 그럴 때 자신에 대한 믿음을 갖고 행복한 파이널 시기를 보낼 수 있게 된다. 이 책을 보는 모든 학생이 꼭 그렇게 되길 바란다.

앞에서 말한 응용문제집 풀기(인강 듣기) + 실전 모의고사 조합은 수험생 기준 9월부터 해야 한다. 이쯤에서 9월에 해야 하는 공부 루틴을 다시 한 번 총정리해 보자.

9월이 되었다면, 이제 진짜 수능이 코앞이다. 1~8월까지 그동안 공부한 내용이 정말 많이 쌓였을 거다. 매일매일 "일력 노트"를 쓰고 복습도 하라는 대로 잘 따라왔다면, 설령 9월 모의평가에서 성적이 잘 나오지 않더라도 너무 걱정하지 말자. 이미 실력은 만들어져 있는데 아직 그 실력을 다듬지 못해서 그럴 뿐이다. 이제 실력을 다듬어서 실제 점수화하는 과정만 남았다.

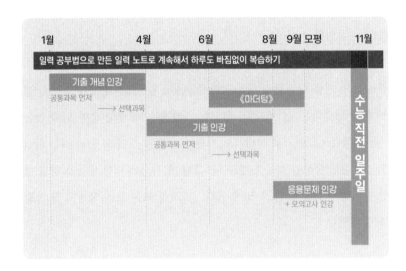

7월 중순 ~ 9월

: 응용문제+모의고사(55%)
　일력 노트(30%)
　《마더텅》(15%)

9월 ~ 10월 말

: 응용문제+모의고사(60%)
　일력 노트(40%)

9월부터는 아래의 원칙을 지켜서 공부해야 한다.

모의고사	① 일주일에 두 번을 넘기지 말자. ※ 추천: 두 번 중에 한 번은 가능하다면 전 과목 모의고사를 푸는 걸 추천한다. ② 모의고사를 본 날에는 모의고사에서 틀린 부분을 보완하는 데 집중하자. (당일은 이 모의고사를 분석하는 공부만 해도 충분하다.) ③ 모의고사 당일에 다 못 끝냈을 때 그다음 날에 시간을 내서 보충해 보자.
응용문제 인강	① 공통과목(수1, 2)과 선택과목 각각 한 권씩 난이도에 맞게 인강 선생님을 선택해서 응용문제를 풀자. ② 인강으로 풀이를 확인하자. ③ 자신이 못하는 부분이 있을 경우, 응용문제 한 권을 더 풀자.
일력 공부법	① 무조건 그날 배운 건 모두 '일력 노트'에 쓰자. (모의고사를 보는 날이든 주말이든 예외는 없다.) ② '일력 공부법'의 날짜대로 빼먹지 않고 복습한다.

ex

월	화	수	목	금	토	일
응용문제	모의고사 (수학)	응용/보충	응용문제	응용문제	모의고사 (전 과목) *OMR 포함	응용/보충

※ "일력 노트" 자기 전 3시간 동안 무조건 복습하기

모의고사를 본 다음 날에는 응용/보충이라고 해서 그 전날 틀린 문제 중 다 못 본 문제나 모르는 부분을 질문하거나 인강을 다시 들어보는 등 꼭 보완하는 시간을 갖자. (자세한 방법은 뒤에 나온다.)

이쯤 되면 점수가 완성 단계에 이르렀을 것이다.

수능 직전

수능 2주 전

먼저 이 말부터 해주고 싶다. 그동안 정말 고생했다. 우리는 매일매일 "일력 노트"를 쓰고 복습했고, 수능개념 인강, 기출 인강, 《마더텅》, 응용문제, 모의고사까지 정말 많은 걸 해왔다. 하지만 수능이 2주 남은 시점, 정신을 더 똑바로 차려야 하는 때다. 아직 끝나지 않았다. 정신을 제대로 차리지 않으면 지금까지 공부한 모든 게 헛고생으로 끝날 수도 있다.

나는 삼수를 했고 재수 때도, 삼수 때도 유명한 재수학원에 다녔다. 대형 재수학원에 다니다 보면 여러 사례를 보기 마련이다. 1년 내내 최상위권을 유지하는 친구도 있고, 1년 내내 잘하다가 수능 날 미끄러지는 친구도 있다. 그리고 1년 내내 점수가 나오지 않다가 수능 날 갑자기 성적이 오르는 친구도 있는데, 이런 친구들이 바로 마지막 정리를 잘해서 본인의 실제 실력보다 더 좋은 성적은 얻은 경우이다. 사실 이런 일은 꽤 많이 일어난다.

반대로 마지막에 매듭을 제대로 짓지 못하면 1년 동안의 모든 고생이 수포가 될 수도 있다. 시험 2주 전쯤 되었을 때, 이미 모든 게 끝났다고 자포자기하거나, 다 준비되었다고 자만할 것이 아니라 이때가 정말 마지막 기회라는 사실을 잊지 말자.

그러면 이 기간에, 즉 수능 2주 전에 우리는 뭘 해야 할까? 당연히 복습이다. 대형 학원도 11월 첫째 주가 되면 더는 수업을 하지 않는다. 수업으로 매출을 올리는 학원에서도 이 시기에는 수업보다 복습이 중요하다고 생각하는 것이다. 모두가 복습해야 한다는 사실은 잘 알지만, 정작 많은 학생이 어떤 걸 어떻게 복습해야 하는지 모른 채로 소중한 마지막 시간을 낭비한다. 하지만 우리는 다르다. 그렇게 많이 보고 거의 너덜너덜해질 정도로 반복했던, 그 "일력 노트"를 다시 한번 이용할 것이다.

바로 이렇게 말이다.

수능 2주 전에 해야 할 것은 딱 두 가지다.

수능 2주 전에 해야 할 것

① 일력 노트를 활용한 "FINAL 복습"

② 기출 프린트를 활용하여 시험 보기

하나씩 살펴보자.

1. 일력 노트를 활용한 "FINAL 복습"

지금까지 〈일력 노트〉를 잘 써왔다면 300~400장 정도가 모였을 거다. 지금까지 내가 알려준 날짜에 맞춰 잘 복습해 왔겠지만 아무리 열심히 복습했다고 하더라도 사실 400장에 해당하는 모든 내용을 다 기억하지는 못할 거다. 일력 노트에 있는 내용 중 복습한 지 오래되어 장기 기억에서 없어지려고 하는 문제들을 다시 되살려야 한다. 수능 당일에는 어떤 문제가 어떻게 나올지 모르므로 최대한 내가 사용할 수 있는 무기가 많아야 한다. 이제부터 남은 2주 동안 아래 사항을 유의하며 모든 노트를 총정리하는 시간을 가져보자.

① 처음부터 끝까지 전부를 무작정 다시 보지 말고, 노트의 첫 장부터 시작하여 '내가 중요하다고 표시한 부분'들을 수능 전 마지막으로 다시 보는 것이다.
② 하루에 30일 치에서 40일 치를 보면 된다.
③ 복습하다 막히는 부분이 있다면 그 부분은 다시 한번 <일력 노트>에 오늘 날짜로 추가 정리한다.

2. 기출 프린트를 활용하여 시험 보기

수능 2주 전에 하는 복습은 중요하다. 그렇다고 해서 복습만 할 수는 없는 노릇이다. 실전 감각을 키워야 하니 모의고사도 풀어야 하는 게 아닌가, 하는 의문이 생긴다. 물론 맞는 말이다. 그런데 이제는 그냥 평범한 사설 모의고사가 아니라, 기출을 모의고사 형태로 출력해서 시험 보듯이 풀어보자. 방법은 아래와 같다.

① 가까운 인쇄소(프린트 출력이 가능한 곳)에 들러 기출을 실제 수능 시험지 크기인 8절지에 인쇄한다.

〈인쇄 목록〉

재작년	작년	올해
수능	6월 모의평가 9월 모의평가 수능	6월 모의평가 9월 모의평가

② 인쇄한 기출을 시험 보듯이 풀자. 물론 이미 한 번씩 다 풀어봤고 수도 없이 연습해서 외운 문제일 것이다. 때문에 한 시험지 당 100분이 아니라 70분을 잡고 풀어보자. 이때 당연히 OMR 마킹까지 실전처럼 연습해야 한다.

3. 이 두 가지를 병행하는 법

〈일력 노트〉와 〈기출로 시험 보기〉를 2주 동안 공부하는 일정은 다음과 같다.

D-14	D-13	D-12	D-11	D-10	D-9	D-8
FINAL 복습	올해 9평 + FINAL 복습	FINAL 복습	올해 6평 + FINAL 복습	FINAL 복습	사설 모의고사 (전 과목) + 분석	FINAL 복습
자기 전 3시간 동안 무조건 기존의 복습 날짜 맞추어 "일력 노트" 복습하기						

D-7	D-6	D-5	D-4	D-3	D-2	D-1
지난해 수능 + FINAL 복습	FINAL 복습	지난해 9평 + FINAL 복습	지난해 6평 + FINAL 복습	지지난해 수능 + 〈정리본〉	지지난해 수능 + 〈정리본〉	정리본
자기 전 3시간 동안 무조건 기존의 복습 날짜 맞추어 "일력 노트" 복습하기						

수능 D-3, D-2 공부법

✎ 최종 정리본

〈최종 정리본〉이란 D-3, D-2에 그동안 공부한 내용을 총정리하고, 시험 전날과 당일에 볼 수 있도록 한 장으로 정리하는 자료를 말한다. 앞서 6월 모의평가 때 내가 안내한 대로 잘 따라왔다면 그때도 정리본을 만들었을 테니 익숙하게 만들 수 있을 거다.

D-14부터 D-4까지 〈FINAL 복습〉을 하면서는 예전에 써놓은 분량을 모두 복습했다. 그중에 잊어버리거나 미흡한 부분이 있을 때는 그날 저녁 일력

노트에 새로 정리한 상태일 것이다. 이렇게 D-14에서 D-4 기간 동안 새롭게 쓴 〈일력 노트〉와 모의고사를 쳤을 때 피드백을 자세히 정리해 놓은 모든 모의고사의 맨 앞장(첫 페이지의 뒷면)을 보고 〈정리본〉을 만든다. 그중에서도 특히, 절대 잊으면 안 될 사항을 위주로 A4 한 쪽 내지 두 쪽에 최종 정리하자.

그렇게 완성하여 시험 전날과 시험 당일 이 종이 한 장을 최종 복습하는 것이다!

정리본 준비물

❶ D-14~D-4 기간에 써놓은 <일력 노트>
❷ 그동안 <실전 모의고사>를 보면서 피드백을 기록 해놓은
　모의고사 앞장 표지들

　↳ 가장 중요한 부분을 추려서 A4 1~2장으로 정리하기
　↳ 시험 전날 & 시험 당일에 이 정리본으로 복습하기!

수능 당일

수능 날 수학영역 행동 강령

수능 전날, 수능 날 떨리는 건 지극히 정상이다. 모든 학생이 그렇듯 나도 수능 날 몹시 떨렸으니 말이다. 하지만 그동안 내가 말한 대로 공부했다면 우리보다 1년을 알차게 보낸 사람은 거의 없을 것이다. 1년 동안 자신이 공부했던 내용을 이렇게나 체계적으로 확실하게 여러 번 복습하고, 공부한 우리도 떨리는데, 다른 사람은 얼마나 더 떨리겠는가? 떨리는 마음을 진정시키고 자신의 실력을 최대한 발휘할 수 있도록 수능 전날 밤과 수능 당일에 해야 할 일을 알려주겠다.

첫째, 수능 전날에 수능 당일에 입을 속옷부터 겉옷까지 모두 준비해서 미리 입어본다.

수능 날에 나는 스스로 체온을 조절할 수 있도록 얇은 옷을 여러 겹 입었다. 만약 더우면 시험 보는 도중에도 벗을 수 있게 말이다. 미리 내일 아침에 일어나서 볼 〈정리본〉들과 준비물들을 가방에 모두 싸놓는다. 그리고 연습장 하나는 꼭 덤으로 챙겨놓자.

둘째, 원래 자던 시간보다 30분 일찍 눕는다.

만약 평소 12시에 잤다면 수능 전날에는 11시 반에 눕는다.

셋째, 수능 당일, 입실 완료 시간은 8시 10분이다. 늦어도 7시 30분까지는 도착하도록 하고, 되도록 빨리 수능장에 도착해서 자기 자리를 확인하자.

또 자신의 고사장에서 화장실이 어디 있는지 한번 미리 가본다. 그리고 가능하면 교실 온도를 적당히 조절해 놓자. 만약 자신이 추위를 많이 탄다면 다른 수험생이 없을 때 히터를 미리 켜놓고, 더위를 많이 탄다면 복도 쪽 창문을 열어놓는 등 가능하면 시험 보기 제일 좋은 환경으로 만들어 놓자. 이런 사소한 부분도 나에게 맞춰 세팅해 놓으면 당일에 생길지도 모르는 변수를 줄일 수 있다.

넷째, 이제 <정리본>을 빠르게 눈으로 훑으면서 어렵다고 느끼는 것만 가져온 연습장에 똑같이 따라 쓴다.

새로운 문제를 푸는 것보다 이렇게 〈정리본〉을 보는 편이 훨씬 더 효율적이다. 대신 7시 30분부터 시작해서 딱 10분만 보자. 7시 40분이 되면 아무리 자신이 국어를 잘하고 수학을 못하더라도 모든 걸 정리하고 국어를 준비한다. 어떤 일이 있어도 7:40부터는 무조건 국어에 전념해야 한다. 수학이 1교시가 아니라 국어를 보고 나서 수학을 보기 때문에 국어를 잘 보았다는 생각이 들어야만 수학 시간에 잡생각이 나지 않는다. 수학을 잘 보기 위한 전 단계로 먼저 국어 준비가 잘 되어있어야 한다는 사실을 잊지 말자.

다섯째, 이제 국어가 10:00에 끝났다면, 무조건 가장 먼저 일어나 화장실에 가자.

실제로 화장실에 가고 싶지 않더라도 꼭 다녀오길 바란다. 시험이 시작되고 나서 갑자기 화장실에 가는 가능성을 줄이기 위해서다. 거의 모든 수험생이 화장실을 가려고 한꺼번에 쏟아져나오므로 가능하면 빨리 가는 편이 좋다.

여섯째, 몇몇 학생은 쉬는 시간에 서로의 답을 맞혀보기도 하는데, 이는 사실 아무 의미 없는 행동이다.

그렇게 답을 맞혀보는 대부분은 시험을 잘 못 본다. 나는 시험을 볼 때도, 화장실에 갈 때도, 점심을 먹을 때도 수능 날에는 항상 귀마개를 끼고 있어 아무것도 들리지 않았다. 화장실에 갈 때 아무런 말도 하지 말고 아무것도 듣지 마라. 답이 맞았다는 확신이 있어도 아무것도 듣지 말고 아무런 말도 하지 마라.

일곱째, 화장실을 갔다 온 후 이제는 수학을 준비해야 할 차례다.

10:10쯤 다시 자리로 돌아와서 긴장을 풀기 위해 잠시 눈을 감고 숨을 깊게 10번 들이마시자. 그리고 10분 동안 〈정리본〉을 본다. 10:30부터 수학 시험이 시작되기 때문에 〈정리본〉을 가볍게 머릿속에 집어넣는다는 생각과 '나만큼 수학 공부한 사람도 없다'라는 자신감으로 시험을 본다.

여덟째, 시험은 기세다.

시험지를 받고 오탈자나 잘못 인쇄된 시험지를 확인할 때 모든 문제를 보면서 속으로 이렇게 생각해라. '내가 다 아는 거네.'

아홉째, 막히는 문제가 있다면 질질 끌지 말고 일단 넘어가자.

긴장해서, 당황해서 안 풀리는 것뿐이라고 생각하자. 담담한 마음으로 지금까지 실모를 풀면서 정해놓은 행동 강령을 따르자.

어떤가? 감이 좀 잡히는가? 단계별로 나눠서 자세히 이야기했는데, 실제로 내가 경험한 바를 덧붙이자면, 나도 실제로 수능 날에 문제가 잘 안 풀렸었다. 그렇게 많이 준비하고 마음을 다잡았는데도 막상 수능 당일이 되자 긴장감 때문에 시야가 좁아졌던 것이다. 일단은 나의 평소 원칙대로 '막히면 바로바로 넘어가는 원칙'을 지켰는데, 50분쯤 지났을 때 내가 못 푼 문제가 8문제나 남아 있다는 것을 깨달았다. 보통 같으면 50분이면 4문제 정도 남았어야 하는데 말이다. 그동안 수없이 많은 모의고사를 풀어봤어도 8문제가 남은 적은 단 한 번도 없었기에 무척 당황스러웠다. 하지만 나는 이렇게 된 것이 나의 실력의 문제가 아님을 이미 알고 있었다. 너무 긴장해서 잠시 사고가 유연해지지 못했을 뿐이라고 말이다. 마음을 가라앉히고 곧장 두 번째 행동 강령으로 넘어갔다. 모의고사를 풀면서, '긴장해서 막히면 항상 화장실을 간다'는 기준을 세워놓았기 때문에 바로 손을 들고 화장실로 가기로 한 것이다. 수능 시험 도중에 화장실에 가면, 감독관이 화장실까지 동행해서 금속탐지기로 혹시나 부정행위에 관련된 물건을 소지하고 있는 건 아닌지 확인한다. (당연히 아무 이상이 없었던 나는 금속탐지기로 검사를 받으면서 뭔가 영화 속 주인공이 된 것 같은 기분을 느꼈다.) 그렇게 화장실에서 세수를 했다. 화장실에서 나온 뒤 다시 한번 금속탐지기로 검사를 받는 동안 혼자서 되뇌었다. '나는 충분히 100점 맞을 실력이 있고 누구보다도 열심히 공부했다.' 그렇게 생각하니 긴장이 풀어졌다. 다시 자리에 앉아 시간을 확인했더니 5분 정도가 흐른 상태였다. 그 후 다시 바로 집중하자 거짓말같이 8문제가 10분도 안 돼서 모두 풀렸다. 다시금 그동안 일력 노트를 쓰면서 쌓았던 지식과 코드들을 모두 꺼내 쓸 수 있는 상태가 되었기 때문에 완벽하게 시험을 볼 수 있었다.

이렇게 할 수 있었던 결정적인 이유는 모든 모의고사를 볼 때 실전처럼 연습했기 때문이었다. 실제로 모든 모의고사 성적이 수능 성적이라고 생각하면서 시험을 봤고, 그때마다 막히면 어떻게 할지, 집중이 깨지면 어떻게 할지 이미 모든 경우의 수를 스스로 시험해 봤기 때문에 수능 날 돌발상황에서도 유연하게 대처할 수 있었던 것이다.

내가 이렇게 했으니, 나와 똑같이 공부한 여러분도 나처럼 아니 나보다 더 잘 대처할 수 있을 것이다. 지금까지 내가 시킨 대로만 해왔다면 완벽한 실력이 갖춰져 있는 건 당연한 일이니, 혹시나 문제를 풀다가 막히더라도 너무 걱정하지 말고 나처럼 화장실을 가거나 잠시 연필을 내려놓고 마음을 다잡는 것도 좋다. 예전에 나는 화장실을 간다는 행동 강령 전에 시험지 오른쪽 위에 '집중'을 10번 정도 쓰는 방법도 시도해 보았는데, 큰 도움이 되지 않아서 결국 화장실을 가는 것으로 바뀌게 되었다. 이처럼 자기 자신에게 맞는 방법은 무엇인지 계속해서 테스트를 해봐야 한다. 9월, 10월에 적어도 8번, 많으면 10번 이상 모의고사를 보는데 계속해서 자신이 어떤 실수를 하는지, 어떨 때 당황하는지 꾸준히 확인해서 해결책을 미리 다 대비해 놓도록 하자.

자, 이렇게 길고 긴 과정을 지나 모든 수학 공부가 끝났다.

잘 따라왔다면,

네가 할 수 있는 모든 것을 다 했기에

지난 시간들에 더 이상 후회나 미련이 없을 것이다.

그러니 오늘 밤 잠을 설칠 필요도 없다.

내일 시험은 네가 지금까지 무수히 연습했던

시험 중의 하나이고,

내일 시험지에는 분명, 네가 아는 문제가 나올 것이다.

건투를 빈다!

부록

범주화를 이용한 추가 풀이 예시

'등차수열'의
범주화 예시

✳ 등차수열의 범주화 예시

1) 정의&일반항

정의: 두 연속된 항끼리의 차가 항상 일정한 수의 나열

일반항: $a_n = a_1 + (n-1)d$

$\downarrow$

$a_n = \underline{d}n + a_1 - d$ 일차함수의 꼴과 동일하다.

기울기   일차함수와 똑같이 그림을 그릴 수 있다.

▶ 등차수열은 직선이다.

$d > 0 : a_n$의 그래프

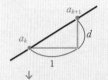

n이 1만큼 증가하면 항은 d만큼 변화한다.

$d < 0 : a_n$의 그래프

$\downarrow$

기울기로 해석할 수 있기 때문에 $\dfrac{a_m - a_n}{m - n} = d$ 라고 쓸 수 있고 $a_m - a_n = (m-n)d$ 라고 쓸 수 있다.

(기울기이기 때문에 m과 n의 대소와 전혀 상관없다.)

▶ 등차수열은 직선이기 때문에 $m + n = p + q$이면 $a_m + a_n = a_p + a_q$이 성립한다.

이는 m, n, p, q의 대소와 전혀 상관없다.

∴등차수열은 같은 개수의 항을 더할 때 밑에 들어가는 수의 합이 같으면 결국 항들의 합도 같다.

2) 등차중항

정의: $2a_m = a_{m+k} + a_{m-k}$ $(k > 0)$

▶ 등차수열은 직선이기 때문에 등차중항은 당연한 이야기가 된다.

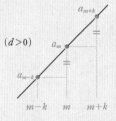

$(d > 0)$

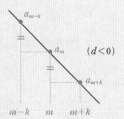

$(d < 0)$

→ 등차수열의 연속된 항 3개를 미지수로 잡아야 할 때

$x - p$, x, $x + p$ (공차: p)

→ 등차수열의 연속된 항 4개를 미지수로 잡아야 할 때

$x - 3p$, $x - p$, $x + p$, $x + 3p$ (공차: $2p$)

3) 등차수열의 합

공식: $S_n = \dfrac{n(2a+(n-1)d)}{2} = n \times \dfrac{(a+a+(n-1)d)}{2} = $ **항의 개수 × 평균**

$\downarrow$

$S_n = \dfrac{1}{2}dn^2 + \left(\dfrac{2a-d}{2}\right)n$: 무조건 원점을 지나고 최고차항 계수가 $\dfrac{1}{2}d$인 **이차함수**

1) $d>0$, $S_1=a_1>0$

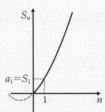

2) $d>0$, $S_1=a_1<0$

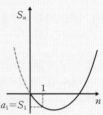

3) $d<0$, $S_1=a_1>0$

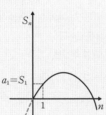

4) $d<0$, $S_1=a_1<0$

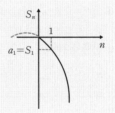

등차수열 추가문제 1

14. 등차수열 $\{a_n\}$이

$$a_5+a_{13}=3a_9, \quad \sum_{k=1}^{18} a_k = \dfrac{9}{2}$$

를 만족시킬 때, a_{13}의 값은? [4점]

① 2   ② 1   ③ 0   ④ -1 ⑤ -2

등차수열의 범주화는 다른 범주화보다도 처음 듣는 내용들과 개념들 그리고 접근방식이 많을 수 있기 때문에 여러 문제들을 보여주려고 한다. 이번에는 2018년 수능 나형 14번이다.

이번에도 보자마자 등차수열의 범주화 중에서 **2) 등차중항** 이 보인다. 이뿐만 아니라 여러 가지 코드들이 한 눈에 보이는데 다음과 같다.

🔍 사용되는 코드

나는 기출을 풀면서 이런 코드를 정리했다.

등차수열의 범주화 내용 중, **1) 정의 & 일반항**, **2) 등차중항**과 **3) 등차수열의 합**에 이런 내용이 나와있다.

① **1) 정의 & 일반항** 등차수열은 같은 개수의 수열의 항들을 더할 때, 밑에 들어가는 수의 합이 같으면 결국 수열의 합도 같다.

즉 $m+n=p+q$이면 $a_m+a_n=a_p+a_q$다. 이는 m, n, p, q의 대소와는 전혀 상관이 없다.

② 등차수열은 d를 기울기로 가지는 일차함수이다.

③ **2) 등차중항** $2a_m=a_{m+k}+a_{m-k}$ 일정한 간격으로 떨어진 3개의 항이 있을 때, 중간에 있는 항의 두 배는 나머지 두 개의 항의 합과 동일하다.

④ **3) 등차수열의 합** $\dfrac{n\{2a+(n-1)d\}}{2}$ 이지만, 다르게 써보면

$$n \times \frac{a+\{a+(n-1)d\}}{2} = n \times \frac{a_1+a_n}{2}$$ 이고, 이는 그냥 개수X평균이다.

✒️ 범주화를 이용해서 푸는 풀이

❶ 일단 보자마자 등차수열의 범주화 중에서 **2) 등차중항** 이 보이기 때문에, 이를 적용하면 $2a_9=3a_9$, 그러므로 $a_9=0$이다. 또 등차수열과 n축이 만나는 지점이 9이다. 물론 공차가 양수인지, 음수인지 결정되지 않았으니 두 개의 그림을 그려야 하겠다는 생각을 가지고 두 번째 조건을 보자.

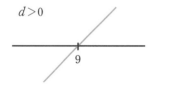

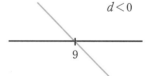

❷ 두 번째 조건을 보면서 **3) 등차수열의 합**에 "개수×평균"이라는 걸 알고 있으니 $\sum\limits_{k=1}^{18} a_k = \left(\dfrac{a_1+a_{18}}{2}\right)\times 18$ 라고 쓸 수 있고 **1) 정의 & 일반항**에 나와있듯이 "항을 같은 개수만큼 더하면 밑에 들어가는 수의 합이 같은 경우에 결국 수열의 합도 같다" 라고 생각한 후 $\sum\limits_{k=1}^{18} a_k = \left(\dfrac{a_1+a_{18}}{2}\right)\times 18 = \left(\dfrac{a_9+a_{10}}{2}\right)\times 18 = \dfrac{9}{2}$ 라고 쓰면 된다.

❸ ❶에서 $a_9=0$인 걸 알고 있으니, 이를 위의 식에 대입하면 $a_{10}=\dfrac{1}{2}$ 임을 알 수 있다. 그러면 자연스레 $d=\dfrac{1}{2}$, 그리고 $d>0$인걸 알 수 있다.

❹ 공차가 나온 순간 다 나왔다. **1) 정의 & 일반항** 에 있는 $a_m-a_n=(m-n)d$를 사용해서 $a_{13}=a_{13}-a_9=(13-9)\times\dfrac{1}{2}=2(\because a_9=0)$ 를 바로 답으로 내자.

실전에서 푸는 풀이

① 문제를 읽으면서 **2) 등차중항**을 이용해서 $a_9=0$을 찾고, ❶ $d>0$인 경우, ❷ $d<0$인 경우 두개의 그림을 그릴 수도 있겠구나라고 생각한다.

② 두 번째 조건을 읽으면서 **3) 등차수열의 합**에 "평균×개수"와 **1) 정의 & 일반항**에 나와있듯이 "항을 같은 개수만큼 더하면 밑에 들어가는 수의 합이 같은 경우에 결국 수열의 합도 같다"를 한 번에 사용한다.

③ 그러면 $a_{10}=\dfrac{1}{2}$ 임을 알 수 있고, $a_9=0$이기 때문에 $d=\dfrac{1}{2}$ 이다.

④ **1) 정의 & 일반항** 에 있는 $a_m-a_n=(m-n)d$를 사용해서 $a_{13}-a_9=(13-9)\times\dfrac{1}{2}=2$ 를 바로 답으로 낸다.

✒ 범주화를 모를 경우

물론, 다시 한번 이런 범주화를 모두 모른다고 하자. 문제는 아래와 같이 풀린다.

수1(대수)을 한번이라도 공부했다면 등차중항이라는 기본적인 지식은 알고 있기 때문에 첫 번째 조건으로 $a_9=0$라는 건 알고 있다. 그리고 일반항을 이용해서 $a_1+8d=0$을 얻기 때문에, $a_1=-8d$라는 관계식을 얻을 수 있다.

① $\sum_{k=1}^{18} a_k = \frac{9}{2}$ 라는 조건을 보고 해석하기보다 바로 공식에 대입해서 $\sum_{k=1}^{18} a_k = S_{18} = \frac{18(2a_1+17d)}{2}$ 가 나오고, 위에서 $a_1=-8d$라는 관계식을 얻었기 때문에 이 식에다가 대입한다.

② 그러면 $\frac{18(2a_1+17d)}{2} = 9 \times d = \frac{9}{2}$ 라는 결론이 나오기 때문에 $d = \frac{1}{2}$ 라고 쓸 수 있다. 그러면 $a_1 = -8d = -4$ 이므로 a_1과 공차를 모두 구했다.

③ 구하고자 하는 것을, $a_{13} = a_1 + 12d = -4 + 6 = 2$ 라고 결론 내리면 된다.

역시 범주화를 아는 경우의 풀이와 모르는 풀이는 계산에서 가장 차이가 많이 난다. 범주화를 하고 미리 솔루션 코드들을 정리해놓았다는 뜻은 미리 경우들에 따라서 계산을 줄일 수 있고, 실전에서 필요하지 않은 계산들을 생략한다는 뜻은 실수를 줄일 수 있다는 뜻과 같다.

지금까지 봤던 문제들은 범주화를 처음 보는 학생들도 많기 때문에 일부러 쉬운 문제들만 가져왔는데, 이제 조금만 난이도를 높여서 과연 범주화가 어려운 문제들에서는 어떻게 사용되는지 한번 살펴보자.

15. 첫째항이 50이고 공차가 -4인 등차수열의 첫째항부터 제 n항까지의 합을 S_n이라 할 때, $\sum_{k=m}^{m+4} S_k$ 의 값이 최대가 되도록 하는 자연수 m의 값은? [4점]

① 8   ② 9   ③ 10   ④ 11   ⑤ 12

2020학년도 수능 나형 15번이다. 이 역시 옛날 수능이기 때문에 지금처럼 15번, 22번, 30번이 어려운 시험지가 아니라 21번, 30번이 난이도가 높은 시험지였다. 15번이면 4점짜리 문제들의 극 초반이다. 그럼에도 불구하고 정답률이 38%인 문제다.

이제 조금은 범주화하는게 익숙해졌을테니 자신이 이 문제를 직접 풀어보고 밑에 있는 해설과 자신의 풀이를 비교해보자.

미리 기출을 제대로 배워서 평가원에서 원하는 방향대로 범주화했는지, 아니면 매번 공식만 사용해서 문제를 풀었는지가 이런 문제들에서 드러나게 된다. 그리고 수능에는 이런 변별력 있는 문제들이 곳곳에 숨어 있다. 그래서 많은 모의고사에서는 시험을 잘 봐도 수능 때 갑자기 성적이 안 나오는 학생들이 많이 있는 것이다.

하지만 바꿔서 말하면 범주화만 잘 해놓으면 다른 학생들은 힘들어하는 문제를 우리는 쉽고 간단하게 문제를 풀 수 있다는 이야기다. 공부를 어렵게 해야 시험 볼 때 쉽게 문제들을 풀 수 있다는 사실을 잊지 말자.

🔍 사용되는 코드

등차수열의 범주화 내용 중, **3) 등차수열의 합**에 나는 이런 내용을 정리했었다.

등차수열의 합은 일반항처럼 n에 관해서 표현해보면 $S_n = \frac{1}{2}dn^2 + (\frac{2a_1-d}{2})n$과 같이 n에 대한 이차식으로 표현할 수 있다. 즉 일반항 a_n을 n에 대한 일차함수처럼 생각해서 그래프를 그렸듯이, S_n도 n에 대한 함수로 생각해보면 원점을 지나면서 최고차항 계수가 $\frac{1}{2}d$인 이차함수를 그릴 수 있다. 그러면 아래와 같이 4개의 그래프가 경우에 따라서 나타난다.

1) $d > 0,\ a_1 = S_1 > 0$

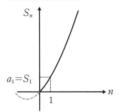

최고차항 계수도 양수이고 S_1도 양수여야만 하므로 $n \geq 1$에서는 계속 증가하는 그래프만 나타난다.

2) $d > 0,\ a_1 = S_1 < 0$

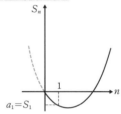

최고차항 계수는 양수이지만 S_1이 음수이므로 $n \geq 1$에 이차함수의 대칭축이 존재한다.

3) $d < 0,\ a_1 = S_1 > 0$

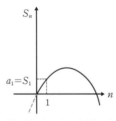

최고차항 계수는 음수이지만 S_1이 양수이므로 $n \geq 1$에 이차함수의 대칭축이 존재한다.

4) $d < 0,\ a_1 = S_1 < 0$

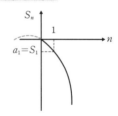

최고차항 계수는 음수고 S_1이 음수이므로 $n \geq 1$에서는 계속해서 감소한다.

▶ $d > 0$이면 최고차항의 계수가 양수이기 때문에 그래프가 아래로 볼록하게 나타나고, $d < 0$이면 최고차항의 계수가 음수이기 때문에 위로 볼록한 형태를 띤다. $S_1 = a_1$이 양수면 S_n에 $n = 1$을 대입한 좌표인 $(1,\ S_1)$의 y좌표가 제1사분면에 있는 경우와 제4사분면에 있는 경우에 따라서 그래프의 개형이 나뉜다.

🏹 범주화를 이용해서 푸는 풀이

❶ 일단 문제의 첫 문장을 읽으면서 의문점이 들어야 한다. '첫째항이랑 공차를 모두 알려줬는데, 이렇게 알려주면 그냥 다 알려준 거랑 다른 게 없는데?' 라고 생각할 수 있지만, 끝까지 읽어보면 정말 해야 하는 게 많다. S_n은 다 알려졌지만 S_n에 또 다른 조건들이 다시 붙고 있다. 보자마자 등차수열 범주화에 **3) 등차수열의 합** S_n은 최고 차항 계수가 $\frac{1}{2}d$인 이차함수이기 때문에 바로 그래프를 그려야겠다는 생각을 한다.

*만약 범주화를 안하고 바로 S_n에 대한 공식을 쓰기 시작했다면, 이 문제는 그때부터 계산에서 빠져나오지 못할 것이다.

❷ 일반항 $a_n = -4n + 54$과 $S_n = \dfrac{n(100 + (n-1) \times (-4))}{2} = -2n^2 + 52n$을 바로 구할 수 있고, 이에 맞게 S_n을 그려보면 밑에 보이는 것과 같이, $n = 13$일 때, S_{13}이 최대이고 $S_{11} = S_{15}$, $S_{12} = S_{14}$를 만족한다.

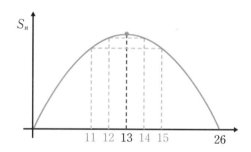

❸ 눈으로 값들의 대소관계가 보이니까 훨씬 쉽고 연속된 다섯 항의 합인 $\sum\limits_{k=m}^{m+4} S_k$ 의 값이 최대가 되도록 하려면 가장 위에 있는 S_{13}을 기준으로 S_{11}, S_{12}, S_{13}, S_{14}, S_{15}를 더하면 되므로 $m = 11$임을 알 수 있다.

① 문제를 읽으면서 초항과 공차까지 모두 알려줬다는 사실에 놀라지만 뒤에 구하는 걸 보고 바로 S_n에 대해서 식과 그림을 모두 알아야겠다는 판단을 한다.

② $S_n=-2n^2+52n$을 구하고 이차함수이기 때문에 당연히 표준형으로 바꾸고, 이차함수의 그림도 그리고 꼭짓점과 x절편, 대칭축까지 실제로 이차함수 문제를 풀 듯이, 파악할 수 있는 정보들이 있으면 미리 파악해 놓는다.
$$S_n=-2(n-13)^2+338$$

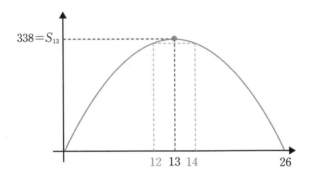

③ 구하는 게 $\sum\limits_{k=m}^{m+4} S_k$ 의 최댓값이기 때문에 가장 큰 값인 S_{13}부터 아래로 내려오면서 5개를 포함해야 하니 S_{11}, S_{12}, S_{13}, S_{14}, S_{15}을 모두 가지고 있으면 되고 바로 $m=11$이라고 답을 낼 수 있다.

범주화를 모를 경우

물론, 다시 한번 이런 범주화를 모두 모른다고 하자. 그럼에도 불구하고 정교하게 만들어진 수학문제이기 때문에 어떻게든 답을 낼 수 있게 만들었을 것이다.

---

① 일단 문제를 보면 공차와 첫째항이 모두 주어져있기 때문에
$a_n = -4n + 54$과 $S_n = n \times \{ \frac{50 + (4n+54)}{2} \} = -2n^2 + 52n$을 모두 구한 후에 그래프를 그린다는 생각이 없으면 이걸 $\sum_{k=m}^{m+4} S_k$에 넣어서 계산하려고 하려고 할 수 있다.

② 그러면 $\sum_{k=m}^{m+4} (-2k^2 + 52k)$를 계산하려고 했을 것이다.

실제로 우리가 배운 내용으로 이 식이 계산이 가능하다. 그렇지만 사실 이걸 계산하려고 시작하면 너무나도 식들이 많아지고 복잡해져서 실제로 할 엄두가 나지 않을 것이다. 그래서 우왕좌왕하다가 이걸 정말 해야 하나? 라는 생각과 함께 그냥 다른 문제를 풀고 결론을 내지 못했을 가능성이 높다.

'삼각함수'의
범주화 예시

📢 삼각함수의 범주화 전체

1) 정의 $sin\theta = y$좌표   ⎤   삼각함수 자체가
            $cos\theta = x$좌표   ⎬   반지름이 1인 원 위에서의
            $tan\theta = $기울기 ⎦   좌표를 표현하는 것

2) 그래프의 특징   ⎡ $sinx, cosx = $ **주기성, 선대칭성, 점대칭성 + 평행이동**
                    ⎥   ↳미지수는 가장 작은 양수인 x좌표로 잡는게 제일 좋음
                    ⎥   그리고 한 개의 미지수를 잡았다면 나머지 문제에서 준
                    ⎥   좌표들을 모두 하나의 미지수로 표현
                    ⎣ $tanx = $ **주기성, 점대칭성 + 평행이동 + 점근선**

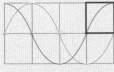

sin, cos 그래프를 그릴 때
8칸 안에 들어가 있다고 생각하기
그러므로 sin과 cos은 평행이동을 통해 겹쳐진다.
점들에 대해서는 점대칭성, 선들에 대해서는 선대칭성

이 한칸을 뜯어볼 수 있다.

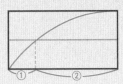

$y = \frac{1}{2}$ 을 그었을 때 생기는 교점이 x좌표를 1:2로
내분한다.
즉, 특수각에 대해서 일정한 길이비가 성립한다.

EX 1

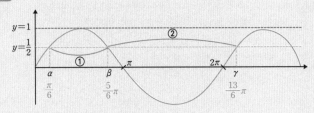

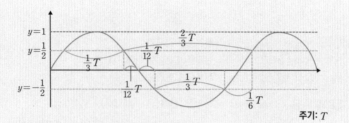

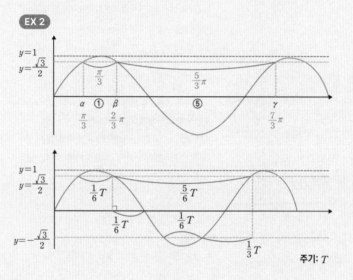

3) 각변환 어떤 각이든지 상관없이 $\dfrac{\pi}{2} \times n \pm \theta$ 로만 바꾸면 단순화할 수 있다.
무조건 1사분면, 최소한 2사분면 각으로 표현하자.

4) 관계식
$$\tan\theta = \dfrac{\sin\theta}{\cos\theta} \ (\text{단, } \cos\theta \neq 0)$$
$$\sin^2\theta + \cos^2\theta = 1$$

5) 치환 $\sin x = t$ 또는 $\cos x = t$ 라고 치환하는 순간 $-1 \leq t \leq 1$의 범위가 생긴다.

9. 닫힌 구간 [0,12]에서 정의된 두 함수

$$f(x) = \cos\frac{\pi x}{6}, \ g(x) = -3\cos\frac{\pi x}{6} - 1$$

이 있다. 곡선 $y = f(x)$와 직선 $y = k$가 만나는 두 점의 x좌표를 α_1, α_2라 할 때, $|\alpha_1 - \alpha_2| = 8$이다. 곡선 $y = g(x)$와 직선 $y = k$가 만나는 두 점의 x좌표를 β_1, β_2라 할 때, $|\beta_1 - \beta_2|$의 값은? (단, k는 $-1 < k < 1$인 상수이다.)[4점]

① 3 ② $\frac{7}{2}$ ③ 4 ④ $\frac{9}{2}$ ⑤ 5

2023년도 9월 모의평가 9번 문제다. 4점짜리 문제 중 첫 번째로 위치한 문제이기 때문에 정말 아무런 걸림없이 빠르고 정확하게 풀어야 하는 문제다.

문제를 풀기 위해서 나는 머릿속에 삼각함수의 단원에 범주화해 둔 코드 중에서 어떤 걸 꺼낼지 살핀다. 물론, 솔루션 코드들을 숙련시켜 문제를 읽고 조건들을 바로 보면 반사적으로 튀어나오도록 하는 게 제일 좋다.

🔍 사용되는 코드

나는 기출을 풀면서 삼각함수 범주화에 이런 코드를 정리했었다.

범주화 내용 중, 2)그래프의 특징을 보면 sin, cos그래프에 대해 이런 내용이
정리되어있다.

① 범주화 코드 중

sin, cos의 그래프는 선대칭성, 점대칭성, 주기성을 모두 가지고 있는 특수한
함수다. 그렇기 때문에 항상 sin, cos그래프를 그릴 때는 8칸 안에 그려서 주기성,
대칭성을 까먹지 않도록 했다.

☀8칸 안에 삼각함수 그리는 법

$y=Asin(B(x-C))+D$라는 삼각함수가 있다고 한다면 8칸 안에 이렇게 그리면
된다. (삼각함수를 이해하고 있는 학생이라면 무슨 말인지 알 수 있을 것이다)

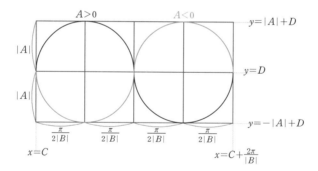

8칸을 그릴 때 세로 한칸은 $|A|$이고, 가로 한칸은 주기의 $\frac{1}{4}$ 이기 때문에
$\frac{2\pi}{|B|} \times \frac{1}{4} = \frac{\pi}{2|B|}$ 로 그린 후에 원래 $y=Asin(Bx)$에서 x축 방향으로는 C만큼
평행이동 했고, y축 방향으로는 D만큼 평행이동 했기 때문에 x 좌표와 y 좌표를 모두
결정지을 수 있다. 그리고 마지막으로 $A>0$, $A<0$에 의해서 그래프의 모양이
결정된다. 나는 이것을 모두 익숙하게 숙지하여 기계적으로 그릴 수 있었다.

$$y=A\cos(B(x-C))+D$$

역시 똑같은 방법으로 하면 아래와 같다.

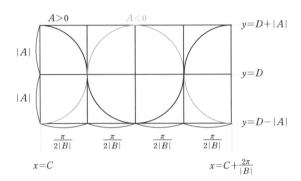

② **범주화 코드 중**

sin, cos 그래프를 뜯어보면 <특수각>에 대해서 '일정한 길이비'가 성립한다.

▶ 그래서 나는 특정한 비율이나 숫자가 나오면 <특수각>은 반드시 염두에 두자라는 생각을 갖고 있다.

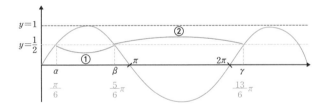

범주화에 예시 1번이라고 써놓은 그래프이다. 삼각함수에서 우리가 알고 있는 특수각 중 하나인 $\frac{\pi}{6}$를 자세히 뜯어보자. $sin\frac{\pi}{6}=\frac{1}{2}$이기 때문에 $y=sinx$와 $y=\frac{1}{2}$ 두 개의 그래프를 그려보면 교점들이 옆에 그래프에서 보이는 것 처럼 $\frac{5\pi}{6}, \frac{13\pi}{6}$를 만족한다. 이 교점들은 sin 그래프가 주기성을 가지고 있기 때문에 규칙적으로 나오는데, 교점들 간의 간격을 보면, $\frac{5\pi}{6}-\frac{\pi}{6}=\frac{4\pi}{6}, \frac{13\pi}{6}-\frac{5\pi}{6}=\frac{8\pi}{6}$으로 $\frac{4\pi}{6}:\frac{8\pi}{6}$의 비율이 성립한다. 한 주기를 그래프의 교점들이 1:2로 나눈다.

▶이 문제는 이 두 가지 코드를 사용하면 풀리는 문제였다.

✒️ 범주화를 이용해서 푸는 풀이

❶ 문제를 읽으면서 $f(x)$와 $g(x)$를 모두 그릴 수 있다는 판단과 이외에도 $y=k$ 라는 그 래프가 하나 더 나오기 때문에 그래프를 그려야 한다는 판단이 든다.

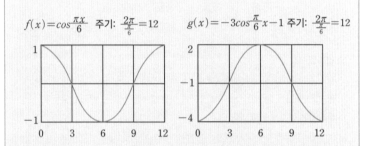

$f(x)$, $g(x)$를 그릴 수 있다는 판단은 개념원리를 끝낸 학생이라면 무조건 할 수 있다. 우리는 수직선 대신 8칸 안에 그리도록 하자.
($g(x)$는 결국 그리지 않아도 문제를 풀 수 있었다.)

$f(x)=cos\dfrac{\pi x}{6}$ 주기: $\dfrac{2\pi}{\frac{\pi}{6}}=12$ $g(x)=-3cos\dfrac{\pi}{6}x-1$ 주기: $\dfrac{2\pi}{\frac{\pi}{6}}=12$

범주화 해놓은 2) 그래프의 특징을 활용하자. 그냥 그리지 말고 삼각함수는 주기성, 점대칭성, 선대칭성을 모두 가진 그래프이기 때문에 8칸을 이용해서 그리자는 것이다. 훨씬 간단하게 그래프를 그릴 수 있다. $f(x)$와 $g(x)$를 8칸 안에 그려내면 위와 같다. 8칸을 이용해서 그래프를 그릴 때 필요한 게 주기인데 $f(x)$의 주기가 12이다.

❷ $f(x)$의 주기가 12이다. 문제를 읽다보니 $|\alpha_1-\alpha_2|=8$이라는 조건을 보자마자, 8이 전체 주기의 $\frac{2}{3}$임을 알 수 있다. 그러면 이는 아래 그림과 같이 삼각함수 범주화의 **2) 그래프의 특징**의 **EX 1**에 해당되기 때문에 바로 특수각과 관련 있다는 걸 알 수 있다. 위에서 솔루션 코드를 자세히 설명한 것과 똑같다. 이 문제에 한해서 $f(x)$에 대한 그림을 그려보면 이렇게 된다. 즉, 전체 주기가 12인데 문제에서 $|\alpha_1-\alpha_2|=8$ 이라는 조건 하나로 인접한 교점 사이의 거리가 8이라는 걸 줬다. 그러면 전체 주기 의 $\frac{2}{3}$를 만족하고, 다른 말로 하면 2:1의 비율을 만족한다. 그러면 $k=\frac{1}{2}$이다.

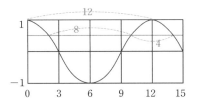

❸ **2) 그래프의 특징**의 **EX 1**을 외우고 있다면 바로 $k=\frac{1}{2}$을 쓸 수 있지만, 완벽하게 외우고 있지 않고 이런게 있었지 라는 생각만 들어도 특수각은 $\frac{\pi}{3}$와 $\frac{\pi}{6}$로 정해져있 기 때문에 대입해보면 된다.

❹ 이제 $-3cos\frac{\pi x}{6}-1=\frac{1}{2}$를 풀면 $cos\frac{\pi x}{6}=-\frac{1}{2}$가 된다. 그래프를 그리면 결국 $|\beta_1-\beta_2|$도 전체 주기 12의 $\frac{1}{3}$라는 걸 쉽게 파악하고 $\frac{1}{3}\times12=4$가 답인 걸 알 수 있다.

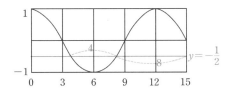

실전에서의 압축된 빠른 풀이

내가 인강을 그렇게 열심히 들었던 이유는 더 좋은 풀이를 배우기 위함이었다. 실전에서 더 여러 가지 카드를 갖고 수능에 들어가기 위해서 말이다. 이 문제의 경우 2가지 코드를 이용하는 것은 같은 맥락이지만 더 빠르게 움직여서 풀었다. 실전에서 내가 문제를 푼 순서는 아래와 같다.

① 문제를 읽으면서 8칸을 사용하면서 그래프를 그릴 준비를 한다.

② 주기가 12라는 것과 잘린 $|\alpha_1 - \alpha_2| = 8$ 인걸 보면서 **2) 그래프의 특징**의 **EX1** 에 있는 코드에 해당되기 때문에 그래프를 그리고 $k = \frac{1}{2}$ 인걸 알 수 있다.

③ 이제 $g(x)$로 넘어와서 $-3\cos\frac{\pi x}{6} - 1 = \frac{1}{2}$ 를 정리하여 얻어낸 $\cos\frac{\pi x}{6}$ $= -\frac{1}{2}$ 을 풀면되고 이 역시 그래프 상에서 생각해보면 $|\beta_1 - \beta_2|$가 전체 주기의 $\frac{1}{3}$ 이므로 $\frac{1}{3} \times 12 = 4$가 답이라는 걸 알 수 있다.

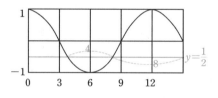

이렇게 접근하면 단계가 3개밖에 안되는 문제다.

역시 삼각함수의 **2) 그래프의 특징**에서 그래프를 그릴 때 8칸을 사용하는 것과 $y = k$로 잘린 선분의 비율이 1:2 일 때는 특수각을 사용한다는 범주화에 나온 솔루션 코드 두 개를 이용해서 풀면 되는 문제인 것이다.

범주화가 없는 일반적인 풀이로 접근하는 경우

물론, 이런 범주화를 모두 모른다고 하자. 그렇다면 조금은 오래 걸리지만 다른 코드들을 조합해서 풀 수도 있다.

---

① $f(x)$와 $y=k$를 좌표평면에 그린다.

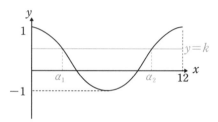

② $f(x)$는 cos이기 때문에 대칭성과 주기성을 모두 가지고 있으므로 $x=6$ 에 대해서 선대칭을 만족해서 $\alpha_1 + \alpha_2 = 12$을 얻을 수 있다. 그리고 $|\alpha_1 - \alpha_2| = 8$이라는 조건은 이미 나와있기 때문에 연립방정식을 통해 α_1와 α_2 를 바로 구할 수 있다.

③ $\alpha_1 + \alpha_2 = 12$과 $\alpha_2 - \alpha_1 = 8$($\alpha_2 - \alpha_1$로 가정), 두 식을 더해서 연립방정식을 해결하면 $\alpha_1 = 2$, $\alpha_2 = 10$이 나온다. 그러면 이제 $f(x)$의 식에다가 $\alpha_2 = 2$ 를 대입하면 $k = \frac{1}{2}$이라는 걸 구할 수 있다.

④ 이제 $g(x)$에 $k = \frac{1}{2}$을 대입하면 $-3cos\frac{\pi x}{6} - 1 = \frac{1}{2}$ 가 나오고 $cos\frac{\pi x}{6}$ $= -\frac{1}{2}$와 동일하기 때문에 이를 풀기만 하면 된다.

---

⑤ 다시 한번 $cos\dfrac{\pi x}{6}$ 와 $y=-\dfrac{1}{2}$ 를 그리고 교점들을 β_1, β_2라고 잡으면 아래
처럼 그려진다.

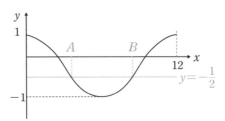

⑥ $y=cosx$ 에서 $y=-\dfrac{1}{2}$ 과 만나는 해가 $\dfrac{2\pi}{3}$, $\dfrac{4\pi}{3}$ 이기 때문에,
$\dfrac{\pi \times \beta_1}{6}=\dfrac{2\pi}{3}$, $\dfrac{\pi \times \beta_2}{6}=\dfrac{4\pi}{3}$ 를 풀면 $\beta_1=4$, $\beta_2=8$ 이다. 그렇기 때문에
문제에서 원하는 $|\beta_2-\beta_1|=4$이다.

이 문제의 내용들은 삼각함수에서 상당히 자주 나오는 내용이었다. 매번 이런 과정을 푼다고 하면 당연히 시간이 오래 걸리고, 매번 일단 대입하고 연립해서 수식적으로 푸는 1회성 풀이가 될 수밖에 없다. 기출을 통해서 각 단원의 '코드'를 추출하여 범주화하면서 공부해야 하는 이유다.

'삼각함수 응용'의
범주화 예시

☀ 삼각함수의 응용 범주화 예시

전제조건: 일반적인 삼각형 (직각 삼각형 X, 이등변 삼각형 X)
  ▶ 피타고라스가 훨씬 빠르다.

1) 사인 법칙

①

$$\frac{a}{\sin A} = \frac{b}{\sin B} = \frac{c}{\sin C} = 2R$$ ②

① 외접원이 안 나오면 머리속에 가지고 있어야 할 공식: 3변의 길이 비는 대응되는 각의 sin비와 같다.

② 문제에서 외접원이 나오면: 외접원의 반지름을 이용해서 3변의 길이를 모두 표현할 수 있다.

  ▶ 외접원이 그려져 있다면, 한 개의 공통변에 대해서
    sin법칙을 두 번 사용할 수 있다.

2) 코사인 법칙

유용한 점– 변과 각의 관계로 표현할 수 있는 공식: 3변의 길이나 비율만 알아도 모든 각을 구할 수 있다.

  ▶ 즉 3변의 길이와 한 개의 각,
    이렇게 4개 중 3개를 알고 있다면 모르는 하나를 구할 수 있다.

12. 반지름의 길이가 $2\sqrt{7}$인 원에 내접하고 $\angle A = \dfrac{\pi}{3}$인 삼각형 ABC가 있다. 점 A를 포함하지 않는 호 BC위의 점 D에 대하여 $sin(\angle BCD) = \dfrac{2\sqrt{7}}{7}$일 때, $\overline{BC} + \overline{CD}$의 값은? [4점]

① $\dfrac{19}{2}$ ② 10 ③ $\dfrac{21}{2}$ ④ 11 ⑤ $\dfrac{23}{2}$

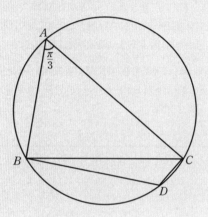

2022년 9월 모의평가 12번이다. 4점짜리 문제이면서 실전에서는 시행착오를 겪지 않고 한 번에 딱 풀어낼 수 있어야만 하는 난이도이다. 그리고 문제를 보는 순간 삼각함수 응용에 관련된 문제라는 건 모두가 안다. 그 다음에 어떻게 문제를 접근하느냐에 따라서 누군가는 4점짜리 문제의 난이도를 정확하고 깔끔하게 풀고, 누구는 시간도 많이 쓰면서 복잡하고 찝찝하게 문제를 푼다.

삼각함수 응용에 범주화 내용 중, **1)사인 법칙**과 **2)코사인 법칙**에 이런 내용이 정리되어 있다.

❶ **1)사인 법칙** $\dfrac{a}{sin\ A} = \dfrac{b}{sin\ B} = \dfrac{c}{sin\ C} = 2R$이라고 나와있는데 이는 문제에서 외접원이 언급되지 않으면 굳이 $2R$까지 사용하지 않아도 되지만 문제에서 외접원을 언급한 순간부터는 무조건 $2R$을 필수적으로 사용해야만 한다.

❷ **2)코사인 법칙의 의의** : 3개의 변만 가지고도 각을 표현할 수 있는 공식. 즉 세 변의 길이와 각, 이렇게 4개 중에서 모르는 게 하나 있다면 미지수로 놓고 코사인 법칙을 사용함으로써 구할 수 있다.

✒ 범주화를 이용해서 푸는 풀이

❶ 문제를 읽는 순간 그림도 그려져 있고 여러 가지 sin 값들이 나와있기 때문에 당연히 삼각함수의 응용에 관한 내용이라는 건 모두가 알 것이다. 이미 여러 가지 솔루션 코드들을 범주화 시켜놓았더니 나는 외접원을 준 걸 보자마자 삼각함수의 응용 범주화의 **1)사인 법칙** 중에서 외접원의 반지름을 사용하는 ②(p.214 참고)를 써야만 한다는 걸 눈치챘고, $\angle BAC=\dfrac{\pi}{3}$를 줬기 때문에 바로 $\dfrac{\overline{BC}}{sin\angle BAC}=2\times 2\sqrt{7}$, $\overline{BC}=2\sqrt{21}$를 구할 수 있다.

❷ 계속 문제를 읽고 나면 $sin(\angle BCD)$의 값을 줬기 때문에 또다시 $\triangle BDC$에서도 **1)사인 법칙** 중에서 ②(p.214 참고)를 써야 한다는 생각을 한다.

❸ 또한 원에 내접하는 사각형이 나오면 항상 마주보는 두 각의 합은 $180°, \pi$라는 기하적 범주화는 기본적으로 깔려있기 때문에 바로 $\angle BDC = \dfrac{2\pi}{3}$ 를 구한다. (개념원리를 중등과정부터 모두 풀 수 있다면 이 정도는 바로 할 수 있어야 한다.)

❹ $\angle BDC = \dfrac{2\pi}{3}$ 를 구했고 이미 ❷에서 **1)사인 법칙**의 사용을 생각해 놓기 때문에 바로 **1)사인 법칙**을 쓰면 $\dfrac{\overline{BC}}{sin\angle BDC} = \dfrac{\overline{BD}}{sin\angle BCD} = 2\times 2\sqrt{7}$로 $\overline{BD} = 8$을 구할 수 있다.

❺ 그러면 ΔBDC에서 $\overline{CD}$를 제외하고 $\angle BDC = \dfrac{2\pi}{3}$, $\overline{BC} = 2\sqrt{21}$, $\overline{BD} = 8$ 를 모두 알고 $\overline{CD}$ 만 모르기 때문에 삼각함수 응용 범주화의 **2)코사인 법칙**의 의의를 이용해서 $\overline{CD}$ 를 구할 수 있고 $\overline{CD} = 2$이다.

✒️ 실전에서의 빠른 풀이

❶ 문제를 읽으면서 외접원의 반지름이 주어지는 순간, 바로 **1)사인 법칙**중에 ②(p.214 참고)를 사용해야겠다고 생각한다.

❷ 그리고 문제에서 $sin(\angle BCD)$을 줬기 때문에 한번 더 **1)사인 법칙**을 사용할 수 있겠다는 생각을 한다.

←——여기까지가 문제를 읽으면서 하는 생각이다.——→

❸ 시작하자마자 $\overline{BC} = 2\sqrt{21}$, $\angle BDC = \dfrac{2\pi}{3}$를 바로 구하고 ΔBDC에서 **1)사인 법칙**을 사용해서 $\overline{BD} = 8$를 구한다.

❹ 이제 ΔBDC에 $\overline{CD}$만 빼고 내가 알고 있는 모든 정보들을 표시해 놓으면 **2)코사인 법칙**의 의의처럼 변 하나만 미지수로 놓으면 구할 수 있다는 걸 알고 있기 때문에 **2)코사인 법칙**으로 $\overline{CD} = 2$를 구한다.

부록 4

'지수·로그함수 응용'의
범주화 예시

📢 지수·로그함수의 범주화

1) 지수·로그함수의 정의

지수함수

$y=a^x \, (a>0, \; a\neq1)$ 특수한 기준점: $(0,1)$ 평행이동을 해야 한다면 이 점을 같이 움직여주자.

로그함수

$y=\log_a x \; (a>0, \; a\neq1)$ 특수한 기준점: $(1,0)$ 평행이동을 해야 한다면 이 점을 같이 움직여주자.

▶좌표평면에서는 축과 평행하게 x좌표의 차와 y좌표의 차를 이용해서 직각삼각형을 만들어 기울기를 이용하자.

2) 그래프들은 좌표평면에서 기하적으로 해석해야 한다

1−선대칭 2024년도 6월 평가원 / 대칭의 기준점은 중점이다.

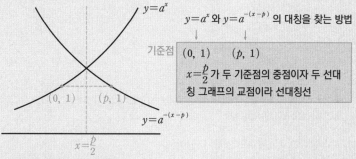

$y=a^x$ 와 $y=a^{-(x-p)}$ 의 대칭을 찾는 방법

기준점 $(0, 1)$ $\quad$ $(p, 1)$

$x=\dfrac{p}{2}$ 가 두 기준점의 중점이자 두 선대칭 그래프의 교점이라 선대칭선

2−점대칭 2008년도 6월 평가원

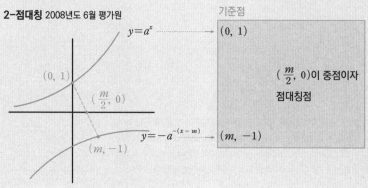

기준점

$(0, 1)$

$\left(\dfrac{m}{2}, 0\right)$이 중점이자 점대칭점

$(m, -1)$

3-평행이동

평행이동에서는 기준점들을 가지고 x축과 평행하게 x좌표의 차와 y축과 평행하게 y좌표의 차를 이용해서 직각삼각형과 기울기를 만들면 된다.

ex) 2011년도 9월 평가원, 2018년도 9월 평가원

또한 문제에서 전체적으로 평행이동을 시켜 관계를 쉽게 파악하지 못하도록 할 수 있다. 이때 헷갈려서는 안된다.

3) 특수한 함수

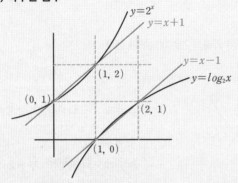

기울기가 1인 직선과 2개의 정수점에서 만나는 $y=2^x$ 와 $y=\log_2 x$

∴ 문제에서 밑이 2인 지수함수나 로그함수와 기울기가 1인 직선이 같이 나온다면 교점들이 정수점일 가능성이 높다.

4) 지수함수와 로그함수의 관계=역함수

$$y=a^{x-m}+n \quad \underset{\substack{x\,방향으로\,m\\y\,방향으로\,n}}{\longleftarrow} \quad y=a^x \quad \underset{역함수}{\overset{y=x}{\longleftrightarrow}} \quad y=\log_a x \quad \underset{\substack{x\,방향으로\,n\\y\,방향으로\,m}}{\longrightarrow} \quad y=\log_a(x-n)+m$$

$a>1$: 증가
$0<a<1$: 감소

$a>1$: 증가
$0<a<1$: 감소

대칭성을 무조건 사용한다.

▶ "그림"을 그려 관계를 파악하는 것이 필수적이다. 계산으로 하는 것이 아니다. 문제에서 $y=x$가 주어지지 않아도 스스로 그려서 풀어야 한다. 그리고 $y=x$ 라는 기울기가 1인 직선이 주어지거나 한 번 꼬아서 기울기가 -1인 직선이 주어지면 직각 이등변 삼각형을 항상 이용하라.

5) 계산할 때 주의할 점

지수함수 – 지수함수 ┐ 각각 같은 종류의 함수인데, 밑이 같으면 연립이 되지만

로그함수 – 로그함수 ┘ 지수함수와 로그함수끼리는 웬만해선 계산이 안된다.
그러므로 역함수나 평행이동, 대칭이동을 주의깊게 살펴봐야 한다.

6) 지수·로그 방정식·부등식

항상 밑을 최대한 같게 만들고 $a>1$, $0<a<1$에 따라서 부등호 방향이 바뀐다.

---

21. $a>1$인 실수 a에 대하여 직선 $y=-x+4$가 두 곡선

$$y=a^{x-1}, \ y=\log_a(x-1)$$

과 만나는 점을 각각 A, B라 하고, 곡선 $y=a^{x-1}$이 y축과 만나는 점을 C라 하자. $\overline{AB}=2\sqrt{2}$일 때, 삼각형 ABC의 넓이는 S이다. $50\times S$의 값을 구하시오. [4점]

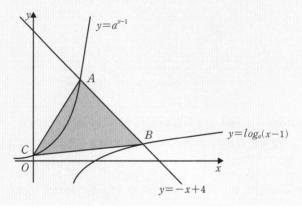

2022년도 9월 모평 21번이다. 정답률이 17% 정도 되는 문제이지만 이제 범주화가 무엇인지, 어떻게 사용하는 건지에 대해서도 감을 어느 정도 잡았을 것 같아서 조금 난이도를 높여 보았다. 시험지에서 가장 어렵다는 3문제 15번, 22번, 30번 직전에 있는 21번이라서 어려워 보이지만 사실 범주화만 해놓았다면 생각보다 훨씬 간단한 문제인 걸 알 수 있을 것이다.

🔍 사용되는 코드

나는 기출을 풀면서 이런 코드를 정리했었다.

지수, 로그함수의 범주화를 보면 **2) 그래프들은 좌표평면에서 기하적으로 해석해야 한다** 와 **4) 지수함수와 로그함수의 관계 : 역함수**에 이런 내용이 있다.

① **2) 그래프들은 좌표평면에서 기하적으로 해석해야 한다** 지수, 로그 함수는 어려운 문제일수록 계산보다는 그래프들의 관계를 파악해서 기하적으로 해결해야 한다. 1-선대칭, 2-점대칭 3-평행이동 등이 있다.

② **4) 지수함수와 로그함수의 관계 : 역함수** 에는 계산으로 문제를 해결하는 게 아니라 무조건 "그림"을 그리고 관계를 파악하며, $y=x$에 대한 대칭성을 무조건 사용한다. $y=x$를 문제에서 그려주지 않아도, 스스로 $y=x$를 그릴 줄 알아야 한다.

③ 그리고 $y=x$라는 기울기가 1인 직선이 주어지거나 조금 변형해서 기울기가 -1인 직선이 주어지면, 직각 이등변 삼각형을 만들어서 이용하자.

④ 지수함수, 로그함수가 나왔는데 이때 기울기가 -1인 직선이 추가 조건으로 나왔을 때도, 똑같이 $y=x$를 그려서 스스로 대칭성을 사용할 수 있다는 걸 알아야 한다.

→ 역함수는 x와 y를 바꿔 만든 함수이기 때문에 기본적으로 $y=x$ 대칭이다. 그런데 문제에서 $y=x$나 $y=x+k$와 같이 기울기가 1인 함수를 주면 대놓고 대칭성을 사용하라고 문제 방향을 주는 것이기 때문에 너무 난이도가 낮아진다. 그래서 난이도를 올리고 싶을 때 $y=-x$ 나 $y=-x+k$ 와 같이 기울기가 -1 인 직선을 대신 조건으로 제시하는 경우가 많다. 즉 결국에 역함수가 주어지면 $y=x$에 대해서 대칭인걸 사용해야만 문제가 풀리는데 이를 출제자들이 티내기 싫어서 $y=-x+k$, 기울기가 -1인 직선을 주는 경우들이 많으니 기울기가 -1인 직선이 나오더라도 스스로 $y=x$를 그려서 대칭성을 사용하자는 뜻이다.

범주화를 이용해서 푸는 풀이

❶ 문제를 읽으면서 지수함수와 로그함수가 모두 나오는데 이 두 함수의 밑이 모두 같기 때문에 '역함수와 관련되어 있구나' 라는 생각이 든다. 그러면 **4) 지수함수와 로그함수의 관계 : 역함수**에 나와 있는 것처럼 무조건 그림을 그려서 관계를 파악하고, $y=x$ 나 $y=-x$와 같은 기울기가 1, -1인 그래프들을 찾으려고 생각한다. 이런 의심은 $y=-x+4$가 주어지자마자 확신으로 바뀐다.

❷ 그렇지만 두 함수가 역함수 관계가 아니라는 걸 알 수 있다. 만약 $y=a^{x-1}$에 대한 역함수를 찾아보면 x와 y의 자리가 바뀌어야 하기 때문에 $y=log_a x+1$인데 이는 $y=log_a(x-1)$을 x축으로, y축으로 평행이동시켜야만 나타나는 그래프이기 때문에 두 개의 그래프에 대해서 바로 대칭성을 사용할 수 없다는 걸 깨닫게 된다.

❸ 그렇지만 지수, 로그함수의 범주화에 **4) 지수함수와 로그함수의 관계 : 역함수**에 나와 있듯이 하나하나 계산하는 게 아니라 그래프들 사이의 관계를 찾는 것이기 때문에 두 함수를 관찰해보면 **2) 그래프를 가지고 좌표평면에서 기하적으로 해석한다**의 **3-평행이동**이 공통적으로 보인다.

❹ 다시 한 번 강조하지만 모든 걸 계산으로 하려고 해서 평행이동이 보이는 게 아니라 두 그래프 사이의 관계를 찾아보려고 했기 때문에 보이는 것이다.

❺ 그러면 , $y=a^{x-1}$, $y=log_a(x-1)$도 x축의 양의 방향으로 한 칸 평행이동했기 때문에 원래 상태로 바꿔주기 위해서 둘 다 왼쪽으로 한 칸씩 이동시키면, $y=a^x$, $y=log_a x$ 가 되고, 이제 누가 봐도 너무 쉬운 $y=x$에 대한 대칭이기 때문에 당연히 $y=x$도 그려주고 $y=-x+4$ 역시 아래쪽으로 한 칸 이동시켜서 $y=-x+3$으로 만들어준다. 그리고 이렇게 새로운 그래프가 나왔다면 무조건 실제로 다시 한 번 그려보자. 그리고 모든 지수, 로그든 삼각함수든 스스로 그래프나 그림들을 그릴 때는 최대한 잘, 사실적으로 그리려고 노력해야 하고, 그림과 그래프에 내가 알고 있는 정보들을 간단하면서도 정확하게 표시해놓아야 한다. A, B도 평행이동했으니, A',

B'으로 이름을 바꿔서 표시해준다.

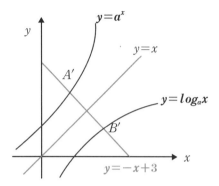

⑥ 그래프를 그려놓으면 가장 먼저 보이는 게 $y=-x+3$와 $y=x$의 교점이다. 교점의 좌표는 $\left(\dfrac{3}{2}, \dfrac{3}{2}\right)$이고 **4) 지수함수와 로그함수의 관계 : 역함수**에 나와 있듯이 기울기가 -1이고 $\overline{AB}=2\sqrt{2}$ 라고 나와 있기 때문에 옆으로 한 칸 평행이동한 $\overline{A'B'}$의 길이도 동일하다. 그러면 직각 이등변 삼각형을 만들어서 쉽게 계산할 수 있다.

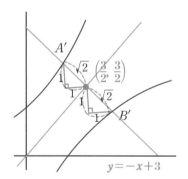

⑦ 두 개의 직각 이등변 삼각형을 만들어서 A'는 $\left(\dfrac{1}{2}, \dfrac{5}{2}\right)$, B'는 $\left(\dfrac{5}{2}, \dfrac{1}{2}\right)$ 을 찾을 수 있다. 이제 A'을 $y=a^x$에다가 대입하면 $a=\dfrac{25}{4}$ 를 얻을 수 있다.

⑧ a를 구했으니 다시 오른쪽으로 한 칸씩 옮겨서 A는 $\left(\dfrac{3}{2}, \dfrac{5}{2}\right)$, B는 $\left(\dfrac{7}{2}, \dfrac{1}{2}\right)$, 그리고 C는 $y=\left(\dfrac{25}{4}\right)^{x-1}$ 에다가 $x=0$을 대입해서 $\left(0, \dfrac{4}{25}\right)$임을 구할 수 있다.

❾ $\overline{AB}=2\sqrt{2}$인 것을 알고 있으니까 이를 삼각형의 밑변으로 하고, C에서 $\overline{AB}$까지의 거리를 점과 직선 사이의 거리를 이용하여 삼각형의 높이로 구하면 바로 삼각형의 넓이를 구할 수 있다. 점과 직선 사이의 거리 공식을 쓰면 $d=\dfrac{|\frac{4}{25}-4|}{\sqrt{2}}=\dfrac{48\sqrt{2}}{25}$이다. 밑변의 길이는 $\overline{AB}=2\sqrt{2}$이므로 삼각형의 넓이는 $\dfrac{1}{2}\times2\sqrt{2}\times\dfrac{48\sqrt{2}}{25}=\dfrac{96}{25}$이고, 문제에서는 $50S$를 구하라고 했으니 답은 192이다.

사실 지수함수와 로그함수가 동시에 나오고 밑이 동일하다면 공부를 조금만 한 학생도 역함수를 이용해야 한다는 걸 다 알고 있지만, 이 문제는 바로 보이지 않는다. 솔루션 코드 4) 지수함수와 로그함수의 관계 : 역함수를 쓰는 게 확실한데, 바로 해결방법이 보이지 않는다는 뜻은 그 방법이 틀렸다는 게 아니라, 다른 코드가 숨어 있으니 찾아보라는 뜻이고, 이 문제에서는 2) 그래프를 가지고 좌표평면에서 기하적으로 해석한다의 3-평행이동이 숨어 있었다.

어려운 문제일수록 여러 개의 코드들이 찾지 못하도록 숨어 있는 법이다. 그것을 찾아서 조합하는 능력을 길러야 한다.

그렇게 생각하는 것도 좋은 발상이고 가능하다. 그렇지만 내 눈에는 '두 개의 함수 모두 1만큼 평행이동했으니까 두 개 함수를 왼쪽으로 평행이동시키면 내가 원래 알고 있던 모든 성질들을 사용할 수 있겠네?'라는 생각이 더 강하게 든다. 왜냐하면 $y=x$에 대한 대칭을 좌표로 표현했을 때 대칭성에 대한 계산이 익숙하여 편리하기 때문이다.

$y=x-1$에 대한 대칭성의 계산이 다르기 때문에 '$y=x-1$에 대한 두 개의 그래프가 대칭'인 경우에 대해 많이 다뤄본 학생이 아니라면 쉽지 않을 것이다. 그래서 나는 위 방법이 나에게 더 정확하고 빠른 풀이라고 판단하여 실행한 것이다. 수학은 항상 여러 풀이 방법이 있으므로 본인에게 더 효율적인 방법을 꺼내 쓰면 된다.

실전에서의 빠른 풀이

① 문제를 읽으면서 주어진 지수함수와 로그함수의 밑이 같으니 **4) 지수함수와 로그함수의 관계 : 역함수**를 사용해야 함을 알지만 서로 역함수 관계가 아니라는 걸 바로 알 수 있다.

② **2) 그래프들은 좌표평면에서 기하적으로 해석해야 한다**에 나와 있는 것처럼 계산보다는 관계를 살피면서 모든 그래프들이 오른쪽으로 평행이동 되어있다는 걸 눈치채고 다시 그래프를 그린다. 그리고 이번에는 역함수 관계에 있기 때문에 $y=x$까지 같이 그려준다.

③ $y=x$와 $y=-x+3$의 교점 $\left(\dfrac{3}{2}, \dfrac{3}{2}\right)$을 구하고 직각 이등변 삼각형 두 개를 그린 후 , $A'\left(\dfrac{1}{2}, \dfrac{5}{2}\right)$, $B'\left(\dfrac{5}{2}, \dfrac{1}{2}\right)$ 를 찾아서 $y=a^x$에 A'을 대입해 $a=\dfrac{25}{4}$ 를 찾는다.

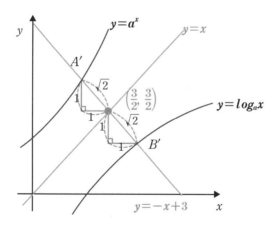

④ 이제 다시 원래 그림으로 돌아와서 $C\left(0, \dfrac{4}{25}\right)$를 찾고 삼각형의 넓이를 구해야 하기 때문에 점과 직선 사이의 거리 공식으로 C에서부터 $y=-x+4$까지의 거리(d)를 구한다.

$$d = \frac{\left|\frac{4}{25}-4\right|}{\sqrt{2}} = \frac{48\sqrt{2}}{25}$$

⑤ 그리고 삼각형 넓이를 구하면

$$\frac{1}{2} \times 2\sqrt{2} \times \frac{48\sqrt{2}}{25} = \frac{96}{25} \text{이므로 } 50S\text{는 192이다.}$$

내가 쓴
실제노트 사진들

6/9 D-84 미친놈처럼

Theme 24. 부정적분은 미분하고 대입하고 TYPE3) $\int^{h(x)}$

TYPE1) $g(x) = \int_a^x f(t)dt = F(x) - F(a)$ 관찰한다. $\int_{g(x)} f(t)dt$ 나오면 이게 나~2개짜리.

= 미적에서는 ① $h(x) = g(x)$ 일때 전체 = 0.

적분이 안될수도 있어, 당연한거임 ② $h(x) > g(x)$) case에 따라 부호 판단.

= f가 그래프가 안그려질수도 있어, ③ $h(x) < g(x)$

근데 $\boxed{g(a)=0, \; g'(x)=f(x)}$ 이거 가지고 ④ $f(h(x))\cdot h'(x) - f(g(x))\cdot g'(x)$

다룬다. 합성함수 대입법.

적분상수의 결정 $x=b$ $\int_a^b f(t)dt =$ 정적분의 계산 +a) 연수처리 = 은 치환적분.

OR 단순비교.

TYPE2) $h(x) = \int_x^{x+a} f(t)dt$: 구간의 길이가 뉴런1번) $0<m<1$, $y=\ln(x+1)$ 라 $y=mx$로 일정 둘러쌓인 넓이 $S(m)$, $S'(\ln2)$?

• 미분 → $f(x+a) - f(x)$ 가 도함수.

→ 평행이동의 교점이 곧 h의 극점이지. ① $m\alpha = \ln(\alpha+1)$

• 관찰 (적분구간의 size = a) ② $S(m) = \int_0^\alpha (\ln(x+1) - mx)dx$

$F(x+a) - F(a) = \int_a^{x+a} f(t)dt$: 구간의 길이가 ⑨ 정점 파악

→ 미분 $= f(x+a)$ $S(m) = \ln(\alpha+1)\frac{d\alpha}{dm} - \int_0^\alpha x\,dx - m\alpha \frac{d\alpha}{dm}$

부정적분 미분하고 대입하고 $(\ln(\alpha+1) - m\alpha)\frac{d\alpha}{dm} - \int_0^\alpha x\,dx$

관찰한다. $m = \ln 2$ $= -\frac{1}{2}\alpha^2$

분모에 적분으로 정의된 함수는 윗끝 아래끝의 $\ln 2 - \alpha = \ln(\alpha+1)$ $= -\frac{1}{2}$

대소만, 그 함수의 보가 중요하다. $2^{-\alpha} = \alpha+1$

적분의 대상이 되는. $\therefore \alpha = 1$

항등식 — 적분 α는 m에 대한 함수

대입 관찰 ⑧ 적분에서의 라이프니츠

미분 $m\alpha = \ln(\alpha+1)$ 여기서부터 이미 α는 m에 대한 함수

→ 이거 $\frac{d\alpha}{dm}$를 써야 하는구나.

백지 복습을 하고 난 후라서 어느 정도는 기억이 날 것이다. 그러면 백지 복습 했을 때보다 더 많이 교재를 보지 않고 정리한다는 생각을 가지고 개념을 정 리하고, 선생님이 풀어주신 문제나 예시는 문제 풀이를 했을 때와 동일하다.

일반적으로 문제 풀이를 했을때의 노트 필기

1/10

D-119 쓰자라. 그리고 안 할 수 있다. 남들은 모르니까 안 할 수 있다. (순) (서순)

Q. 5 이파의 두 자연수 a,b $f(x) = x^2 - 2ax + a^b - a + 1$

$g(x) = \begin{cases} x+b & (1 < x < 3) \\ 7-b & (x \le 1, x \ge 3) \end{cases}$ $f \circ g(x)$가 실수

전체에서 연속이 되게 하는 (a,b) 순서쌍의 개수는?

$1 \le a, b \le 5$

f는 연속 ① g가 ┌ x=3에서 연속이려면 3+b=7-b ⇒ b=2
                  └ x=1 // 1+b=7-b b=3

① b=2 ⇒ x=3에서 연속, x=1 에서는 X
   $f(1) = 1 - 2a + a^2 - a + 1 = 0$, $a^2 - 3a + 2 = 0$ a=1,2
② b=3 ⇒ x=3에서 불연속
   $f(3) = 9 - 6a + a^2 - a + 1 = a^2 - 7a + 10 = 0$, a=2,5
근데 만약에 b≠2, b≠3 이어서 두 군데 모두에서 불연속이면?

┌ $1 - 2a + a^2 - a + 1 = 0$, $a^2 - 3a + 2 = 0$ a=1, a=2
└ $9 - 6a + a^2 - a + 1 = 0$, $a^2 - 7a + 10 = 0$ a=2, a=5

b=1, 7,5   a=2

∴ 2+2+3 = 7 개

① 종류부터 여겨라. 암기가 조금 어려도, 여겨거나 풀면에
리를 알면
┌ Ⅰ)불 X 불 / Ⅱ)불 X 연

각각 불연속점의 개수는? 위치는? ← 확인하고 풀어야겠다

                    case 나눠놓고

Ⅰ)종류
↓
Ⅱ)개수 (처리해야 할)

Q. 3차함수 f(x) 에 대하여 $f(2)$의 최소?
f(x)의 최고차항 계수 =1 , $f(0) = f'(0)$ 조건에 대해서
$f(x) \ge f'(x)$
$f(x) = x^3 + ax^2 + bx + b$ 바로 쑥쑥 알법!
$f(x) = x^3 + ax^2 + bx + b \ge 3x^2 + 2ax + b$
$x^3 + (a-3)x^2 + (b-2a)x \ge 0$
$x \cdot (x^2 + (a-3)x + (b-2a)) \ge 0$ ⊕

일단 0을 근으로 가져야 ∴ -b = 2a

$x \cdot (x+(a-3)) = x \cdot (x-(3-a))$

이렇게 되면 out

3-a ≤ -1 ∴ -4 ≤ a
3-a ≤ -1 ∴ -4 ≤ a
$f(2) = 8 + 4a + 2b$ 2b

     = 10a + 8 ≥ 48.

(★★) 근의 위치는! 무조건 주어진 범위에서
범위 (부호)를 생각할 수 있다. ⊕
비교 3차, 4차 함수의 식은 쓰는 것도 중요
무조건 기억, + 암기 + 위치!! ⊕
+ 범위가 주어지고 그 안에 들면 / 특수 관계 있으면서

일단 절반으로 접고 위에다가 문제를 펜으로 적는다. 그리고 그 밑에 자기가
연필로 풀어보고 가장 마지막에 교재를 보면서 풀이에서 부족한 부분이나,
이 문제에서 사용된 범주화, 개념들을 자신의 말로 정리해서 펜으로 적어 놓
는다. 형광펜과 색연필도 적극적으로 활용하자.

일반적으로 문제 풀이를 했을때의 노트 필기2

①. 최고차 계수가 1인 4차 f(x). 함수 g(x)가 다음
조건을 만족한다. -1≤x≤1 일때, g(x)=f(x),
x∈IR, g(x+2)=g(x)

ㄱ. f(-1)=f(1)이고 f'(-1)=f'(1)이면 g는 실수전체
미가?

ㄴ. g가 실수전체 미가면 f'(1)·f'(-1) <0 이다.

ㄷ. g가 실수전체 미가. f'(1)>0 이면 (-∞,-1)에
f'(x)=0 인 c가 존재

$f(x)=x^4 ...$ g는 [-1,1]에서 4차함수의 일부분

⑦ 그회 양면이

ㄴ) f(-1)=f(1), f'(-1)=f'(1) 이야~ 미가?

$f(x)=(x+1)(x-1)(x^2+ax+b)+k$

$f'(x)=(x+1)(x^2+ax+b)+(x-1)(x^2+ax+b)$
$+(x+1)(x-1)(2x+a)$

$f'(-1)=-2(1-a+b)$, $-1+a-b=1+a+b$
$f'(1)=2(1+a+b)$, $b=-1$

$f(x)=(x-1)(x^2+ax-1)+(x+1)(x^2+ax-1)+(x+1)(x-1)(2x+a)$

$f'(0)=-1\times(-1)+1\times(-1)-a=-a$
$\therefore 2a\times(-1)=-2a$ $a\neq 0$만 알아 ⑥
ㄷ) f'(1)>0 이면 $2(1+a+(-1))>0$ ∴ $\boxed{a>0}$
$f'(1)>0$, $f'(-1)>0$

$f(x)=(x+1)(x-1)(x^2+ax)+k$
$D=a^2+4>0$
$f(x)=4x^3...$ $x\to\infty$로 보내면 f'이 ⊖
∴ 사잇값정리에 의해서 비교 x함수 존재

---

① 미분계수의 정의라 그 비슷한 형태 ··· 구현해야 함.

$\lim_{h\to 0}\dfrac{f(x+h)-f(x)}{2h}$ = if f가 미분가능 in x지 ×f'(x)
그때 써먹고도 돼 $\dfrac{f(x_1)-f(x_2)}{x_1-x_2}=\square$

아게 미분이면

$\lim_{h\to 0^+}\dfrac{f(1+h)-f(1)}{2h}+\dfrac{f(1-h)-f(1)}{2h}$

이렇게 $h\to 0^+$ / $h\to 0^-$로 나눠서 판단.
h 앞에 계수가 같으므로 위에 +라머크로 판단할 수도 있당.
(역치과 수렴)

② =k로 해서 k를 찾았다면, 원래식으로 되돌아가서
대입하면 새로운 연계식을 만들수 있는걸?
이걸 천렵보수도 있어.

③ 구하라고 하는 곳에서의 함숫값을
define 진짜의 함숫값으로 표현한다 [보는것
구하라고 하는 원래 지역 범위를 아는곳으로 표현 →이는걸].

④ 다항함수를 핸들링하는 기본적인 방법.
①f 자체에서 인수분해 OR 식에서 특이한 성질?
②f'에서 인수분해 OR 식에서 특·이한 성질?

(※) 식을 쓸때는 인수정리 이용 + 다른 인수들은
사잇값정리 → 근존재 → 근접리 하나로 표현.
그래프 그리기.

도함수의 ±∞ 극한도 여겨를 알아가랑
4차면 3차면 그래프로.

문제를 썼다면 위에서 아래로 쭉 내려오면서 문제를 푼다.

사설 모의고사 보고 나서의 정리

8/1 우따... 머리 Reset 됨 D-109 ㅠㅠ...
K.C. 1리

① 차수 / 4차함수는 변곡점 부근의 상승속도/하강속도가
느리지만 sin/cos은 변곡점 부근이 더 ↑

② ⊥○-△ 는 telescopy

③ 자수.로그방정식과 관련해서는 어떻게
연결할 것인가 조건을 모두 보고 구하는 것까지 봐수
식계를 세울수 있음 → 문제에서 친절한 말은?
일변한 쓸때 기준점

④ 넓이공식, 원래 정해져 있어 앉았는데 깜빡하면, 도형이
공식을 사용할때는 원래 모습에서 사용하라.
(특히 넓이공식의 절반만 필요하다고 해서 절된 것에서
절반만 쓰는게 아니다)

(x)² 을 가지고 넓이를 구한다.
왕삼분의 계산
+곡면도형 이용/넓이사, 정적분이사   구역에 집중!

⑤ 극점의 상점 defined
1) f'(t)=0 2) f'의 부호가 바뀌는점이 곧 극점 (정의)
3) 불연속점 4) 미분불가능점이지도 5)구간이 바뀌는점

⑥ 수열은 N.G.D 2이상, 이하도 X
각 계속 별개 반복해서 귀납적으로 찾는다.
+ 주기성이라 관련 있는데, 그 주기를 이용해서 내가
구하려고 하는 것을 앞으로 끌어당겨서 쉽게 구할수
있지? → 안되면 떼로 규칙성을 찾아야 됨.

⑦ 로가 있는 경우은 딸분 큰데에가 맞춰주면되니 /
작은 곳에다가 맞출 건 안나오면!
물론 정배역 먼저 체크하고!

⑧ 정□ : 같는 합동인 직각 △ 4개를 이용해서

⑨ sin, cos 값과 관련된 트레인데 정심선에
대한 (d)에 대한 대칭이 아니라면, 대칭성에
대한 질문이 나올 수 있다. - 특히 미적분이라면
cos작용식 / 팔용식 쓰수 있어!

⑩ 뭔론의 경계에서 =가 들어가는지 /
안 들어가는지른 직접 하나하나 확인한다.

⑪ r_1, r_2 두개의 공비로 이루어진 수열이 n→∞
→무조건 공비값이 큰 놈이 이김 $(\frac{1}{2})$ vs $\frac{1}{3}$
$(\frac{1}{2})$ vs $\frac{1}{3}$ 무조건 절댓값이 큰 쪽으로 몰아준다.

⑫ $\int_a^{a+1} \sqrt{1+f'(x)^2}\,dx = k$ (in every a)
→ a에 대한 항등식
a로 미분 가능.
$f'(a+1) = f'(a)$ / $f'(a+1) = -f'(a)$ 모두
a에 대해서 선택이 가능
+ f는 미분가능하므로 f' 극한값과
항솟값이 일치하기는 해야겠지 ⊕

⑬ + 정적분의 최대는 앞기부터 귀워주면 됨!

모의고사를 보고 자신의 약점이나 모의고사에 사용된 범주화는
이렇게 모두 모아서 다시 정리했다.

9월 평가원 보기 전에 정리본

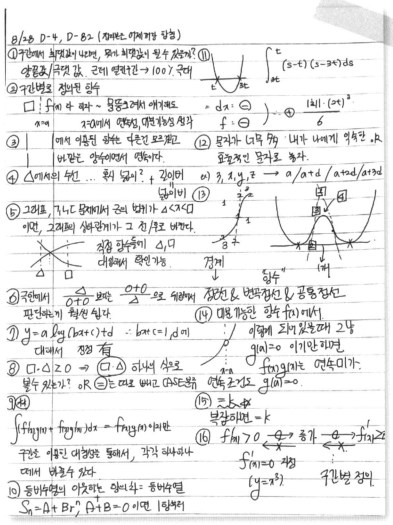

지금까지 써놓고 꾸준히 복습한 노트들을 시험 전에 4일 동안 모아서 다시 복습하면서 예시와 문제들을 통해서 시험장에 내가 사용할 수 있는 카드들을 최대한 많이 들고 간다.

9평보고나서

① 지수함수, 로그함수가 곱해져 있으면
{ 점근선이 어딘가에는 존재한다 → 실제적으로 찾아.
∞ OR -∞으로 갈때 0 → 아! 정의역을 건드림

② 교점의 개수변화 경계: 미분 / 불연속 / 점근선 /
공통접선 / 접선 ←→ 변곡점 (연속 가능)

③ 변수가 2개이상이면 어디서 문제가 생기는지
파악 못 할수도 → 일일이 CASE 분류할것!
(N.G.D는 N.G.D의 힌트가 될수있지)

④ $\int_{19}^{10} \neq \sum_{i=1}^{} 9_{k+1}$ (음수번째의 항)

⑤ $y + x = k$, ←→ $y = -x + k$ 좌표의 합이 k.

⑥ $\sin x = a$ 랑 $\cos x = a$의 근들은 2개씩
묶어서 더하면, 더해주는게 의미가 있음.   부등호 / 정의느냐 아니냐 / 대소관계

⑦ $x^3 + x + 1 = $ 증 + 증   차

⑧ $|f(x) + g(x)| = |f(x) - (-g(x))|$

⑨ 넓이가 SAME = 정적분 ZERO

⑩ f가 증가 : g도 증가 /
f의 극소 = 변곡점 = 대응되는곳에 g의 변곡점
$f'(x) \leq a$, $a < 0$
↓
$0 > g'(x) \geq \frac{1}{a}$

⑪ 극대, 극소 ≠ 최대, 최소

⑫ 미분 ± 미분 → 같은점이여야 24다
가능성 있음

⑬ 기 ○ $(k, 0) = (k, 0)$
우 ○ $(k, 0) = x = k$ 대칭

⑭ 3차 함수의 근의 대소 & 중근

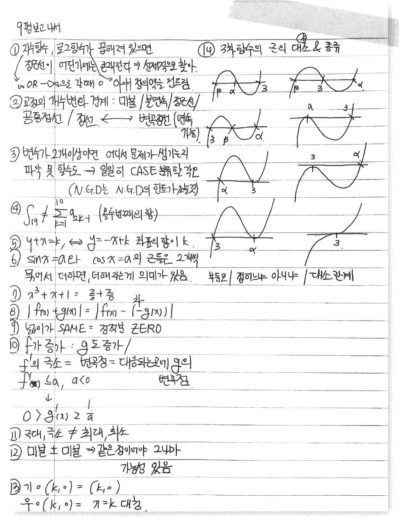

보기 전에도 정리본을 만들고 보고 나서도 똑같이 정리본을 만들면
된다. 시험에 어떤 부분들이 나왔는지, 내가 사용한 범주화는 뭔지
일력 복습법을 똑같이 적용하면 된다.

D-207 4/25 BALANCE + 조금 있으면 6평 그검 9평 그검 수능

3월 초반복의 복습. Revival   ★ 주기함수의 정적분.

① |f(x)| 의 미분가능성   1) 그래프의 면복, not 식.

f(x)가 연속   f(x)가 불연속   2) 구하려 하는 값은 주어진 함수의
                                   구간으로 이동시켜서 계산하는게 학심
f(x) = 0 인모든

x점에서 f'(x)=0.   3) 도함수도 주기함수!

                                  4) 주기함수는 구간의 길이가 중요하지
원래 x축에 대해서 대칭이면서 기울기조차   시작점이 어디 인가는 전혀 상관 ⊗
x축에 대해서 대칭인 형태이면 정의롭셨   f(x+p) = f(x) 도함수가 주기성
일때 대가.   불연속이지만
             |f(x)|는 연속 미가 가능   ★ 그러면 원래 함수도 ~ 당연히
                                           주기성 존재 ⊗ ↓

물론   처음부터   모른다 항상 (+C) 가있어
                    연속&청청이면
                    정의롭켜료 맞음   f(a+1) = f(a)   f(a+x) = f(x) + P
⑪ |f(x)+g(x)| = | f(x) -(-g(x))| 로보과 항수봐   f(a+x) - f(x)   f(a+x) - f(x) = P
② 곱함수의 미분가능성 → ① 학청된것은 무엇?
   ② 위뇌에 따라서 불연속 X불연속/연속X불   ∫ₓ^(a+x) f(x)dx = C.   ∫ₓ^(a+x) f(x)dx = pt+q
같은 위뇌에서 둘다불연속이면   이거이면 그냥 연속
-9x4 = -6x6   항숫값 = 0.   공화 = 0   공화 = P x a.
         직접 x←→x
           대입 ⑥ 적분에서의 부등성 ... 설마 진짜 계산?
③ f(x)·우함수 = 우함수
   f(x) + f(-x) = 우함수 = f(1+x) + f(1-x)   대칭성을 이용
SAM도 f(1-x) + - f(1+x) = 기함수   그냥 단순한 크기 비교 가자즈 (대칭성)
   = f(x) - f(-x)

④ 일반적인 함수의 적분에서 (a,0)의
   정적분은 best → 0이 있어질수도!

일력 복습법을 잘 지켰다면 30일까지는 10번 정도 복습했지만 그 후에도
까먹는 일들이 있을 것이다. 이미 10번이나 봤기 때문에 30일이 지난 거를
또 체계적으로 볼 필요는 없지만 나는 까먹을까봐 두려워서 계속해서 복습
해줬다. 다시 한번 노트들을 보면서 내가 사용한 범주화를 계속 정리했다.

"너의 수능 시험지에는 분명,
네가 아는 문제가 나올 것이다.
건투를 빈다!"

'너를 수학 1등급으로 만들어주마'
-The End-

너를 수학 1등급으로 만들어주마

초판 1쇄	2025년 3월 14일
1판 2쇄	2025년 3월 20일
1판 4쇄	2025년 5월 16일

지은이	김태영
책임편집	송서림
발행인	송서림
내지디자인	이소현
표지디자인	함지은
교정·교열	차민정
마케팅	이지나
검토단	신원준 (서울대 소비자아동학부) 이다은 (이대 약대·가톨릭관동대의대) 양예진 (이화여대 의학과) 정수영 (연세대학교 지구시스템과학과)

ISBN	979-11-94347-07-1 (53410)
발행처	메리포핀스북스
주소	서울특별시 영등포구 당산로41길 11, SK V1 center W동 1504호
등록	2018년 5월 9일
홈페이지	https://www.marypoppinsbooks.com/